华惠伦 王 慧 编著

飞行动物
天空的霸主

MINGJIA KEXUEYAN

上海科学普及出版社

图书在版编目（CIP）数据

飞行动物：天空的霸主/华惠伦，王慧编著．—上海：
上海科学普及出版社，2015.7
（名家科学眼）
ISBN 978-7-5427-6461-4

Ⅰ.①飞… Ⅱ.①华…②王… Ⅲ.①鸟类—普及读物
②昆虫—普及读物 Ⅳ.①Q959.7-49 ②Q96-49

中国版本图书馆CIP数据核字（2015）第079019号

策　　划　胡名正
责任编辑　刘湘雯

名家科学眼

飞行动物
—— 天空的霸主

华惠伦　王　慧　编著

上海科学普及出版社出版发行
（上海中山北路832号　邮政编码 200070）
http://www.pspsh.com

各地新华书店经销　北京市艺辉印刷有限公司印刷
开本 787mm×1092mm　1/16　印张 8　字数 160 000
2015年7月第1版　2015年7月第1次印刷

ISBN 978-7-5427-6461-4　　　　　　　定价：29.80元

卷首语

　　有一类动物，它们或在陆地筑巢或在海边栖息，却努力将自己的生活范围拓展到了天空。它们有的灵巧机智，能盘旋花间枝头；有的展翅击空，能翱翔云端。这些飞行的动物称得上是天空的主宰。

　　它们是生物圈的重要组成部分，肩负着植物的"播种机"和自然的"清道夫"。

　　它们有的是捕虫能手，燕子一个夏天就能吃掉 50 万只以上的苍蝇、蚊子和蚜虫；而猫头鹰一个夏天能捕食大约 1000 只老鼠。

　　它们是天然的基因库，其数量庞大，种类丰富，人类曾经借助它们得以生存繁衍，今天的人类更期待能够从它们中选育出更多的优良品系。

　　它们是天生的发明家，个个身怀绝技，正是因为向这些"发明家"学习，人类才发明出雷达、飞机、导弹……

　　它们是人类的朋友，与人类关系密切，但如今却由于人口增加和经济开发，森林锐减、湿地干涸，这些自然环境的恶化，致使它们濒临灭绝。

　　这本书会带你走进这些飞行动物的世界，发现它们，认识它们，与它们交朋友，好好爱护它们。让我们和这些飞行动物一起，共同保护地球——我们的家园。

目 录

大户一族——昆虫

地球上最早的"飞行家" / 2

首屈一指的大家族 / 3

翅膀的由来与妙用 / 4

飞行速度谁最快 / 7

飞行时的声音 / 8

昆虫与飞机 / 9

飞蝗之害 / 10

飞行之王——蜻蜓 / 11

翩翩飞舞的"花朵"——蝴蝶 / 14

苍蝇的绝招 / 17

蜜蜂的舞蹈语言 / 20

形形色色的飞蛾 / 26

白蚁外飞并非好事 / 29

蚊子的飞舞求偶 / 31

蜉蝣的"华尔兹" / 33

空中王者——鸟类

最早的羽毛 / 36

"鸟口"知多少 / 38

最优秀的飞行动物 / 39

杰出的飞禽代表 / 41

寓意深长的国鸟 / 58

千奇百态的珍禽 / 74

鸟类的迁徙 / 84

鸟类的群栖与群集 / 90

鸟类与飞机 / 95

另类飞行者——蝙蝠

空中飞兽 / 98

种类繁多 / 100

飞行奥秘 / 102

捕虫能手 / 104

广播种子 / 106

仿生启示 / 107

它们也能飞——滑翔动物

古代的飞龙 / 110

水中飞行员——飞鱼 / 112

林间飞蛙 / 115

与众不同的飞蜥 / 116

会滑翔的蛇 / 117

能滑翔的兽类 / 118

大户一族——昆虫

　　昆虫是地球上最早的飞行动物，靠着一双双善飞的翅膀，昆虫得以看得更高、行得更远，有些种类的昆虫还会举家搬迁，进行长途旅行。它们的生活范围从赤道到两极、从沙漠到海洋、从地下到空中、从平原到高山，连石油中也有昆虫孳生。它们的数量惊人，堪称飞行动物的"大户"。

　　这样顽强的生命力、这样多彩的种类，使得人们对昆虫充满好奇：翅膀拍得快的昆虫飞得就快吗？昆虫都有翅膀吗？蝗虫是怎么让古人"惶惶然"的？蝴蝶都是娇嫩脆弱、不堪长途飞行的吗？为什么混迹在垃圾堆中的苍蝇不得病？为什么生下来没有任何区别的蜂王和工蜂会踏上两条截然不同的成长之路？

　　还有最会"捉迷藏"的尺蛾和樟蚕蛾；繁殖力旺盛、贪吃木材的白蚁；蚊子挑人吸血的奥秘；以及人类向昆虫拜师求教，利用仿生学为人类造福的奇妙故事。

　　昆虫王国的奥秘就在你眼前。

地球上最早的"飞行家"

地球上最早的飞行动物当数昆虫。从现在发现的昆虫化石推测,大约在3亿年之前,昆虫就作为地球上最早的"飞行家"而升入空中。直到1亿多年以后,会滑翔的爬行动物和能飞行的鸟类,才步昆虫的后尘,出现于地球上。在这之前,昆虫是地球上唯一的具有翅膀的动物。

对于古代的许多昆虫种类,自然科学家是通过它们的翅膀才识别出来的。因为它们柔软而多汁的身体在风吹、雨打、日晒等自然环境下,是不可能作为完整的化石而保存下来的。人类已经发现的古代最好的昆虫标本,是埋藏在琥珀里和原始松树的树胶之中的;其他一些昆虫的印迹是遗留在页岩和石灰石的聚积物中的。

在距今大约3.5亿年至2.7亿年的石炭纪时期,地球上的昆虫迅速地发展。大家熟悉的蟑螂,是当时地球上占优势的一类飞行动物。科学家从化石中,鉴别出500多种蟑螂。

它们虽然没有现在生活于热带地区的一些巨蟑螂那样大的身体,但是大多数的个头还是很大的。这些古代的蟑螂,与今天我们所见到的蟑螂差别不大,都有翅膀,会扑动翅膀作短距离的飞行,可以说是有翅膀昆虫中的最古老的成员。现在地球上生存的蟑螂种类,大约有4 000多种,大多生活在野外。

在古代有翅膀的昆虫中,最大的种类是石炭纪时期的巨大古代蜻蜓——现代蜻蜓的祖先,它们的翅膀展开可达76.2厘米宽,常在原始时代的沼泽地飞行。虽然现代的蜻蜓已经演化出许多小个子的种类,但是它们的形状与古代的蜻蜓还是非常相似,差别不大。

琥珀中包裹着一只4000万年前的古代蟑螂。
图片作者:Anders L.Damgaard

首屈一指的大家族

全世界已知的昆虫大约有 100 万种，占整个动物界种数的四分之三。

昆虫的分布极为广泛，从赤道到两极、从沙漠到海洋、从地下到空中、从平原到高山，甚至在石油池里也有昆虫孳生。

昆虫种类繁多、分布极广，这与它们具有翅膀的特点是分不开的。据统计，在大约 100 万种昆虫中，约有五分之四的种类是会飞行的，因此，昆虫就成了飞行动物的"大户"。由于绝大多数昆虫能够飞行，这就大大地扩大了它们的活动范围。

昆虫是一类多样性的动物。绝大多数种类是卵生，也有少数是卵胎生（如麻蝇），从卵到成虫，大多要经过一系列形态上和生理上的剧烈变化。有的要经过卵、幼虫、蛹发育为成虫，有的只经过卵、幼虫就发育为成虫。有些种类的幼虫生活在水里，如蚊子、蜻蜓、蜉蝣等，多数种类的幼虫则生活在陆地上。各种昆虫的生活世代（从这一代受精卵到下一代受精卵）相差很大，有的 1 年可发生几十代，如棉蚜；有的 10 多年才完成一个世代，如美洲的十七年蝉。个头也相差很大，最长的可超过 260 毫米，如巨型竹节虫；最小的长约 0.25 毫米，如微小缨甲。

蜻蜓的幼虫生活在水里，经过形态变化，变成会飞的蜻蜓。
图片作者：Böhringer Friedrich

翅膀的由来与妙用

大家知道,翅膀是动物的飞行器官,昆虫是靠翅膀飞行的。但是你是否知道,昆虫的翅膀是怎么产生的?

昆虫的翅膀必须达到足够长度时,才能够在空中飞行。为何昆虫先长出不足以飞行的短翅?这种"无用"的短翅为什么能在生物进化的过程中渐渐变长,并达到能够飞行的程度?

对此,法国动物学家拉马克的"用进废退"学说,英国生物学家达尔文的生物进化理论,都无法自圆其说。

1978年,美国堪萨斯大学的研究生道格拉斯别出心裁,提出了一种假设。他认为,昆虫的翅膀最初不是用于飞行,而是为了吸收太阳的热能。冬天,昆虫和其他冷血动物体内的生化反应变得十分缓慢,它们的行动非常迟缓。早期的翅膀被昆虫用来吸取太阳能,提高体温和活动能力。经过长时间的进化,它们的翅膀终于达到可供飞行的长度。

近年来,美国加利福尼亚大学柏克莱分校的柯尔和布朗大学的金梭佛,试图用实验验证道格拉斯的假设。他们用不同大小的人工翅膀和虫体,测量吸热和传热的关系,并用风洞检查这些人工昆虫的飞行能力。实验大体上肯定了道格拉斯的假设,同时提出了一个问题:翅膀越大,固然吸热越多,但热量传导时也越费能量。根据研究,翅膀长于1.25厘米时,传入虫体的热量便不再增多;换言之,如果仅仅为了吸热,昆虫翅膀不

臭虫的翅膀已经退化得无法飞行了。

应该长于 1.25 厘米。对此，柯尔和金梭佛两位科学家又作了解释：某种翅长 1.25 厘米的昆虫，下一代的一些成员可能由于突变和体躯增大，使翅膀达到能飞行的程度，一旦遭到敌人攻击，翅长的昆虫在无意之中可能振翅起飞，使之幸免于难，这些就是飞行昆虫的始祖。它们的长翅因有利于生存而被保存下来，经过上亿年的进化历程，翅膀就成了飞行器官，原先的吸热功能反而变得不重要了。

对于昆虫来说，翅膀不仅是飞行器官，而且还是分类的依据。我们根据昆虫翅膀的有无和翅膀的形态构造不同，区分昆虫的类别。

一般昆虫的成虫胸部有两对翅膀，但有些种类的翅膀完全退化，如寄生在人、兽体外的跳蚤和虱子。臭虫的翅膀则退化得仅具有形式而没有飞行的功能。也有一些昆虫演化为只有一对翅膀，而另外一对翅膀已变成了棒状的平衡棍，如苍蝇和蚊子。还有一些昆虫，在发育过程中有些世代有翅膀，有些世代则无翅膀，因而称为有翅型或无翅型，如蚜虫。

昆虫的翅膀结构，与其他飞行动物的翅膀完全不同。它的翅膀主要可分为膜翅和鞘翅两种。前者是膜质的翅，薄而透明，翅脉明显，例如膜翅目（如蜜蜂、胡蜂）、脉翅目（如草蛉、蚁蛉）和蜻蜓目昆虫的前后翅，双翅目昆虫（如蚊子、苍蝇）的前翅，直翅目（如蝗虫）、鞘翅目（如各种甲虫）和半翅目（如椿象）的后翅，都属于膜翅。后者是角质的翅，质坚而厚，没有明显的翅脉，例如瓢虫、金龟子、天牛、象鼻虫等昆

蜻蜓的翅膀薄而透明。
图片作者：Charlesjsharp

天牛的翅膀质坚而厚。
图片作者：JJ Harrison

虫的前翅。这些昆虫在静止时，角质的前翅覆盖在膜质的后翅上或躯体上（缺后翅的种类），像鞘一样，具有保护后翅和躯体的作用。这类昆虫因而称为"鞘翅目"。此外，还有膜质而密披鳞片的鳞翅，它不过是膜翅上增加了鳞片，例如蛾子和蝴蝶，这类昆虫因而称为"鳞翅目"。

昆虫的翅膀，既不从三对足上长出，也不附着于三对足上，而是直接由胸部背板两侧体壁上生长出来的。除了无翅昆虫以外，绝大多数的有翅昆虫在它们变为成虫（如蛾子、蝴蝶）以前，是没有翅膀的。到了幼虫发育成蛹时，它们的翅膀才开始长出来。

昆虫能拍翅飞行，完全依靠它胸部强有力的飞翔肌的发动而进行。

大多数昆虫具有两对翅膀，身体的两侧各生一对。当它们飞行时，前一对翅膀与后一对翅膀是紧密地结合在一起的。

胡蜂的前后翅彼此锁合，非常协调。
图片作者：Korenko S, Schmidt S, Schwarz M, Gibson G, Pekar S

例如蜜蜂和胡蜂的后翅前缘长有一排钩突，前翅的后缘生有一个长形的褶。休息时，它们的前后翅膀分离；飞行时，后翅上的钩突正好扣住前翅的褶内，这样前后翅连接在一起，十分适于飞行。许多蛾子和蝴蝶，正好与蜂类相反，它们的前翅后缘上长有叶突，后翅前缘上有褶。当它们飞行时，这些叶突就嵌入褶内，这样前后两对翅膀彼此锁合，在飞行时非常协调。

在飞行昆虫中，有一种十分奇特的小蜂，它在其他昆虫的幼体上产卵，生活在溪流和池塘的水表面。在水中，它用翅膀作为划水桨；出水后，它的翅膀在空气里很快就干了，变成飞行的器官。这种水、陆两用的翅膀，在昆虫王国里可能是极为罕见的。

飞行速度谁最快

昆虫是依靠飞行、跳跃和爬行来行进的。其中飞行是昆虫的主要迁移方式。一般来说，昆虫在飞行时鼓动翅膀的频率都很高，但是鼓翅快的昆虫，不一定就是飞行快的昆虫，因为这还与昆虫的体型大小、翅膀长宽和飞翔肌发达程度等有关。有人曾对几种主要飞行昆虫的鼓翅频率作过测定。昆虫王国里鼓翅最快的要数蠓，它是一类体长只有1～3毫米的小个子，每秒钟鼓翅竟然可超过1 000次；苍蝇因种类不同，每秒钟鼓翅在100～300次；蜂类平均每秒钟鼓翅约250次；蜻蜓的鼓翅虽然较慢，但每秒钟也有16～40次。

昆虫学家们还对几种主要飞行昆虫的飞行速度作过测定，如果按照每小时的飞行距离来计算，它们的成绩分别是：蚊子3.2千米，菜粉蝶6.5～8.3千米，家蝇7.2千米，金龟子7.9～10.8千米，蜜蜂9～21.6千米，天蛾18千米，牛虻14.4～50.4千米，蜻蜓64.8～72千米。可见，蜻蜓是昆虫王国里飞得最快的成员。因为昆虫有这样强的飞翔能力，再加上高空气流和风的影响，便给昆虫远距离迁飞提供了良好的条件。

昆虫除了飞行以外，跳跃也是运动的一种方式。跳蚤是其中最著名的。跳蚤的祖先是生有翅膀的，所以长期以来都把跳蚤作为双翅目昆虫中的成员。英国著名昆虫学家乔治·华德也曾说过："今天，很多种跳蚤，寄生在各种各样的宿主身上，所以如此，是因为它们的祖先用翅膀飞翔到各种动物的身上。"现在的跳蚤虽然已经没有翅膀，不会飞行，却具有惊人的弹跳能力。有人作过测定，跳蚤能跳过比它自己身长高200～300倍的高度，可达21厘米，水平跳跃达38厘米。不仅如此，它还能连续不停地跳跃而不感到疲劳。按身长和跳距之比来说，跳蚤是地球上当之无愧的跳高和跳远"双冠王"。

蠓是昆虫王国里鼓翅最快的。
图片作者：Sarefo

飞行时的声音

通过对昆虫飞行的全面、深入的观察和研究，人们不但发现它们飞行时发声的差异，而且还可以知道它们不同的发声机理。

初听起来，昆虫在飞行时由于翅膀的鼓动发出来的声音都是"嗡嗡"的，似乎没什么区别，其实这些声音之间还是有差异的。例如蚊子在飞舞时发出的声音虽然轻微，但人的耳朵能够听到，如果用测声仪探测，还可以发现雌雄蚊子的声音是不同的，前者是低音调，后者则是高音调。正因为如此，蚊子才能异性相吸，在飞舞中婚配。

还有一些借摩擦发出声音的昆虫，它们的发音器官，一般是由长在复翅上的一排坚硬的微细突起，叫做音锉的部分，以及一个可以刮击，叫做刮器的部分组成。音锉就很像一把梳子，不同种类的昆虫，音锉上齿的数量和排列密度，以及翅的厚薄、鼓翅速度等都有差异，这些会影响声音的节奏和高低。

刮器只是翅膀边缘硬化的部分，构造较简单。譬如蝗虫，就是以音锉和刮器的刮击发出声音，这声音除了在生殖活动中引诱异性的作用外，对于在迁飞时尚未起飞的蝗虫，有召唤它们共同起飞的作用。

晚上飞行的金龟子和一些大型蛾类，以及白天活动的蜂、蝇、虻、蚊都因飞行时翅膀的鼓动，才会发出声音。它们的音波频率与翅膀的鼓动频率是相同的。某些食蚜蝇，能模仿蜂类飞行时发出的声音，以致其他动物常把它误当成蜂类。这种现象是生物界长期进化的产物，而不是像人类那样有意识的模仿。

金龟子飞行时会因翅膀的鼓动发出声音。

昆虫与飞机

小巧灵活的昆虫，是动物飞行的先驱。从空气动力学的观点来看，昆虫的飞行更像直升机。昆虫鼓动的翅膀，仿佛是直升机的旋翼，既能产生升力，又可供给推力。例如：蜜蜂、胡蜂等，它们在飞行时还能定悬、后退以及几乎垂直地起飞、降落。

根据对昆虫飞行原理的研究，人们制造出第一架昆虫飞机。它是用塑料做的蜻蜓模型，装上小型发动机，成功地飞上了天空。这种昆虫飞机可以当做小型的航空飞行器。用无线电操纵的昆虫飞机，可以用于航空摄影、把气象仪器升入空中、山区运输等，也可以用作体育表演和其他目的。这种飞行器能够以极小的速度飞行，特别在跳伞前，可以达到飞机所达不到的状态。因此，它比飞机和直升机安全得多，完全可以排除飞机由于速度降低而出现的事故。

气体力学家都知道，飞机在飞得太快的时候，会产生一种颤振现象，能造成机翼折断、人员伤亡的事故。后来，人们在研究蜻蜓翅膀时得到启迪，发明了一种防止颤振的方法：在每个机翼末端前缘上装一个加重装置，这样就把颤振现象消除了。

原来，昆虫鼓动翅膀飞行时，也会产生这种有害的颤振现象。可是在昆虫世世代代的进化过程中，大自然使昆虫获得了防止颤振的方法。这一点在大多数蜻蜓的身上表现得很明显。在它们每片翅膀前缘的上方，都有一块深色的角质加厚斑——翼眼（又叫翅痣）。如果把这一翼眼去掉，蜻蜓虽然不会失去飞行能力，却破坏了鼓动翅膀的正确性，它的飞行就会变得荡来荡去了。实验证明，这种组织具有动力学的意义，它能调整翅膀的振动。翼眼使正在振动的翅膀不受颤振的有害影响。

昆虫的翅膀虽然是很单薄的，但是它们有足够的强度和刚度，飞行很快，不少种类的昆虫还能作长途旅行，真是超轻结构的奇迹！

蜻蜓翅膀上的翅痣能够消除有害振动。
图片作者：IronChris

飞蝗之害

全世界已知的蝗虫有 10 000 多种，我国有 600 多种。常见的类群有飞蝗、稻蝗、竹蝗、蔗蝗和棉蝗等。蝗虫身体细长，呈绿色或黄褐色。触角比身体短，因种类不同有丝状、棒状和剑状；口器咀嚼式；有两对翅膀，前翅狭长硬化，掩盖在腹部背面；后翅阔大，是膜质翅。少数种类前后翅退化，如笨蝗。蝗虫的后足很强大，善于跳跃。有翅的雄蝗会发声，静止时由后足腿节上的乳头状突起与前翅基部摩擦发声；飞翔时，前后翅互相摩擦也可以发出响声。雌蝗都是"哑巴"。按照蝗虫的习性，可分为群居型和散居型两种生态类型。

群居型蝗虫能群聚，并作远距离迁飞；散居型蝗虫分散活动，一般不作远距离迁飞。我国历史上发生的蝗灾，都由群居型的东亚飞蝗成群起飞引起。这种飞蝗可以群飞千里，从天空降落下来，把大片农作物吃光，然后又成群起飞到别处继续觅食，危害庄稼，造成骇人听闻的"蝗灾"。

一群飞蝗的个体数目，真是多得无法计算。它们群集的地方，刚才还是一片郁郁葱葱的庄稼，一会儿变成了一望无际的黄褐色的飞蝗世界。例如 1899 年，红海上空出现过一个特大的飞蝗群，估算一下，其总面积足有 2 000 平方千米，真是蝗虫飞行奇观呢！又如 1929 年，我国江苏也曾遭到一群飞蝗的侵袭，它们把经过的沪宁铁路全部遮住了，使火车司机看不到路线，以致火车误点很长时间。

飞蝗的飞翔能力是惊人的，可以连续不停地飞行 1～3 天。例如分布在菲律宾的飞蝗，可以一鼓作气地飞抵我国的台湾省。大群蝗虫飞过时的振翅声音，很像海洋中的暴风呼啸，千米之外也能听到，令人胆战心惊。阿拉伯人想象中的蝗虫，有公牛的头、雄鹿的角、狮子的胸、蝎子的尾、老鹰的翼和骆驼的腿，这些想象或许是出于他们对蝗灾的恐惧心理。

据昆虫学家研究发现，飞蝗的飞行方向与太阳的位置有关，它们总是使身体最大面积得晒着太阳，所以与太阳成斜角方向飞行，而绝对不会正对着或背着太阳飞行。

蝗虫身体细长。
图片作者：ChriKo

飞行之王——蜻蜓

蜻蜓与蝗虫一样,也是昆虫世界里的一个大家族,全世界已知的有4500多种,我国有300多种。广泛分布于世界各地,尤以温暖地区较多。蜻蜓的个头大小,因种类不同而差异很大,大的体长可达150毫米,小的约20毫米。头部转动灵活,触角细短得像刚毛,有一对很大的复眼,占头部体积的一半,视觉十分敏锐。腹部细长,圆筒形或扁形。体色有红、绿、紫、黑褐等等。

蜻蜓是人们颇为熟悉的一类昆虫,一到夏秋,雨前雨后,它们常常成群结队,在天空徘徊飞翔,犹如战斗机群在晴空编队飞行,常会惹得孩子们捕捉玩耍。

蜻蜓的两对又长又宽的膜质翅膀,不是折叠在背后,也不是直立在背脊上,而是保持平行伸展,翅上的网状翅脉清晰可见,很像一架飞机。它在飞行时,前后两对翅膀分别鼓动,作用与旧式复翼飞机的机翼相似。但它翅膀的性能,却是非常先进的。

在昆虫世界里,飞得最快的要数蜻蜓了。它比任何其他会飞的昆虫都飞得快、飞得高和飞得远,而且动作也最敏捷。科学家曾对现代昆虫翅膀的鼓动次数和飞行速度作过比较研究,发现蜂类的翅膀每秒钟鼓动约250次,飞行的秒速(即每秒钟前进的距离,动物学上常用此表示飞行速度)是4.5米;苍蝇的翅膀每秒钟鼓动约100次,飞行秒速是4米;而蜻蜓的翅膀大约5.1厘米长,面积为4.6平方厘米,只有0.005克重,但它有足够的强度和刚度,虽然每秒钟只能鼓动翅膀16~40次,远比蜂类和苍蝇少得多,可是它的飞行速度极快,竟然能够达到每秒钟10米左右,甚至15~20米,飞行的速度竟然可以和世界男子百米短跑冠军的速度相媲美,真不愧有"飞行之王"这一称号!

在昆虫王国里,蜻蜓不单是飞行速度名列榜首,而且它的"巡航"距离也非常惊人。有时候,它在长途飞行时,下面是一片茫茫大海,根本没有地方可供着陆休

蜻蜓家族的许多成员都非常美丽。
图片作者:俞怀彤

息，必须忍受疲劳和饥渴一直向前飞行，否则就只有葬身鱼腹了。

昆虫学家和昆虫爱好者已经观察到，每年夏天，有成群结队的蜻蜓大军，浩浩荡荡地像微型直升机队列，从英国的东海岸飞渡多佛海峡，飞到东面的法国去"旅游"；还有一种身体呈暗褐色、体长约3～4厘米的海蜻蜓，每年8月从赤道附近飞行到日本，等到冬天降临，天气寒冷，它便葬身在日本。海员们还发现，在离澳大利亚大陆约500千米的澳大利亚湾的海域上空，有一种浑身呈黄褐色、体长只有3厘米的海蜻蜓在盘旋飞行。它们从这里再飞回澳大利亚大陆，一来一去的旅程就有1 000千米之遥，在昆虫王国里，其飞行耐力确是首屈一指。小小的蜻蜓能够忍受饥渴，冒着生命的危险，长途跋涉，一飞就是1 000千米，比起骆驼远涉浩瀚沙漠还要艰苦。如此长的飞行距离和持久的耐力，令其他昆虫相形见绌。

蜻蜓高超的飞行技术，还给人类带来了好处。所有蜻蜓都是肉食性的，不论是成虫还是幼虫，都是吃荤不吃素，专门捕食蚊子、苍蝇和其他各种各样的小飞虫。实验证明，一只蜻蜓在1小时内，就能够吃掉40只家蝇或者近100只蚊子。昆虫生态学家们还观察到，一种体长约10厘米的马大头蜻蜓，一天可以捕食近1000只小飞虫。因为蜻蜓吃的大多数是害虫，所以昆虫学家把它列入益虫的范畴。

蜻蜓在飞行时，捕捉小飞虫的方法十分巧妙，为其他昆虫所不及。当蜻蜓在空中回旋飞行时，它那6只带有尖刺的脚，向前伸展，仿佛步兵向敌人冲锋时，手里的步枪装上了刺刀一样；只要把6只脚稍稍往回收拢，便形成一只盛小虫的"笼子"。当它向在空中飞翔的小昆虫加速猛冲时，小昆虫便被擒获而关在"笼子"里了，然后蜻蜓就用它那张大嘴在空中贪婪地大嚼大咽起来。如果一处的小飞虫被吃得差不多了，蜻蜓就会再飞向别处觅食。

在武打影片《新方世玉》中，见到方世玉的轻功"蜻蜓点水"的人，无不啧啧称妙！实际上，这个轻功高手的技能是模仿蜻蜓的结果，不过在电影中进行了艺术夸张。

那么，"蜻蜓点水"是怎么回事呢？

夏季的白天，我们常常可以看到很多蜻蜓成群结队地在小河、池

插图：蜻蜓点水。
图片作者：Snewman90 at the English language Wikipedia

塘的水面上回旋飞翔，互相追逐。有的是雄蜻蜓追赶雌蜻蜓，有的则是雌蜻蜓寻找雄蜻蜓，这就是雌、雄蜻蜓在物色"对象"，举行"婚礼"呢！

蜻蜓的生殖器，不论是雌还是雄，都开口在腹部第二节上。不过，雄蜻蜓的外部生殖器，也就是交尾器，却生长在腹部第二至第三节之间，在昆虫王国里唯独蜻蜓有这样的特殊情况。所以它们在交配时，

蜻蜓蜕去最后一次皮，成为成虫。

雌蜻蜓将尾部弯曲起来，贴在雄蜻蜓的腹部第二节上。交配之际，它们的腹部互相钩着，成为圆环的形状。有些种类的蜻蜓在空中飞行交配，也形成这种姿势。有些种类的雌雄蜻蜓交配后不马上分开，贴在一起飞行。

特别是盛夏季节，轻盈的雌蜻蜓常穿梭似的贴着小河或池塘的水面飞行，尾尖不时触到水里，溅起朵朵水花。这就是人们通常所说的"蜻蜓点水"。"蜻蜓点水"，看起来好像是在做游戏，其实是雌蜻蜓在一点一点地产卵。有些种类的雄蜻蜓，在雌蜻蜓产卵时，还要担任"助产士"的角色，似乎担心雌蜻蜓"失脚落水"，便飞翔在雌蜻蜓的前上方，用它的尾尖钩住雌蜻蜓的头部，拖着雌蜻蜓贴在水面上产卵。

蜻蜓卵在水中孵化出的幼虫，动物学上叫做水虿，水虿的长相很不好看，仿佛一只大肚子蜘蛛。它的下颚生有"长柄"，而且折叠在一起，像一把"老虎钳"；它的视力焦点和它伸展开的下颚，长短一致，只要在它视力所及的范围，就可以用它的"老虎钳"突然袭击水面的小虫，可以说"弹不虚发，百发百中"。小河或池塘中的蚊子幼虫——孑孓，是水虿最喜爱吃的食物，因而蜻蜓从"小"就是除害能手。

水虿在水中生活大约几个月到1年时间，经历10次以上的蜕皮，老熟后沿着水草爬出水面，蜕去最后一次皮才羽化为成虫。据昆虫学家观察和研究，如果环境条件恶劣，水虿在水中时间最长的要苦熬5~6年，甚至7~8年之久，才能羽化为成虫。

刚羽化出来的蜻蜓，腹部好似向细而长的气球里吹气一样，一下子就会伸长。它的翅膀本来是折叠着的，当它蜕皮后爬到外面时，翅膀很快像自动伞一样撑开，稍过片刻它就能飞行了。

自古以来，人们还一直用"蜻蜓点水"这一成语，来比喻东点西缀、肤浅不深入的做法。这对蜻蜓来说，实在是一件很冤枉的事。因为它的点水，是在认真踏实地产卵，为繁殖下一代辛勤忙碌。

翩翩飞舞的"花朵"——蝴蝶

风和日丽，百花争艳，花丛中常有色彩鲜艳醒目的蝴蝶翩翩飞舞，犹如朵朵鲜花在飘荡，真是美不胜收，逗人喜爱。

蝴蝶的种类很多，全世界约有 14 000 多种，半数以上分布在美洲，其中又以拉丁美洲的亚马孙河流域为最多，那里有"蝴蝶的乐园"之称。至于我国的蝴蝶，据中国科学院动物研究所蝶类专家李传隆教授估算，约有 1300 多种，比欧洲多两倍以上，并拥有世界上罕见的珍贵种类。

蝴蝶是昆虫王国里最美丽的类群。它们的身体分头、胸、腹 3 部分，体表和翅膀上有许多颜色鲜艳的丛毛和鳞片，呈现出多种美丽的斑纹。不仅如此，有些种类的雄蝶翅膀上鳞片和体内的香腺相连，飞行时还能散发出一种香气，起吸引雌蝶的作用。

蝴蝶头上生有一对棍棒状或槌状的触角，上面有嗅孔，这是它的"鼻子"，用来捕捉各种气味。在放大镜下观察，雄蝶的嗅孔要比雌蝶多，所以前者的嗅觉功能更发达。

蝴蝶头上的一对复眼，由数千只小眼合成，每只小眼都是六角形的楔状，上大下尖，而每只小眼的侧面则互相紧密贴在一起。虽然小眼的视野很小，但是由许许多多小眼聚集在一起的复眼，视野就很大了，可以看到图像的全貌。不过，由于各个小眼的轴长不一，观察到的图像大小也有差异，当拼凑成整个图像时，连接的部位就不可能很合适，因而所见图像是模糊不清的。但是，蝴蝶的眼睛辨别颜色的能力极强，可以弥补这一不足。例如蝴蝶在花丛中飞

蝴蝶的一对翅膀色彩缤纷。
图片作者：MichaD

舞,能够充分地选择它所需要的花朵。昆虫学家已经研究证明,蝴蝶选择花朵时,并非从花朵外形来分辨,而是从花朵的颜色来判断的。

蝴蝶的口器特化成一条长长的喙,仿佛手表的发条,吸食花蜜时伸展开来,平时像发条弹簧那样盘卷起来,所以称为"卷着的舌头"。在口器的尖端,生有很小的管状物,昆虫学家认为是味觉器官,相当于人的舌头。

不同种类的蝴蝶,它们翅膀的大小、形状和色彩是有区别的。世界上翅膀最大的蝴蝶,当推有"蝶王"之称的南美凤蝶,体长9厘米,翅展宽度可达 27 厘米;而翅展宽度最小的只有 1.6 厘米,它就是蝶类中个子最小的小灰蝶。台湾特有的珠光黄裳凤蝶能艳冠群蝶,获得"最上

蝴蝶的口器能够伸展和收缩。
图片作者:Muhammad Mahdi Karim

镜蝴蝶"封号,主要在于雄蝶的后翅像一面三棱镜,逆光看,会由原来的金黄色转换成红、绿、蓝、紫等色泽,像万花筒般瑰丽多变。分布于广东和福建的金斑喙凤蝶,也是一种大型凤蝶,前翅长约5.5厘米,翅表黑色,被有稠密、光亮的绿色鳞片,以及一端缘为亮黄绿色的黑色带;后翅上具有一个大型的金色斑,并有一些蓝黑色、橘色和绿色带跨越该斑,外缘还有一枚明显的尾状突。这种凤蝶数量极为稀少,我国已将其列为一级保护动物。产于四川的三尾褐凤蝶,后翅外缘则有 3 枚尾状突,也是罕见的珍贵种类,已被列为国家二级保护动物。产于长江流域的木叶蝶是大家很熟悉的种类,在昆虫学教学上常作为拟色拟态的典型例子。木叶蝶的翅膀正面很美,当它停落在树枝上休息时,两翅合拢,露出翅的反面,活像一片枯叶,有叶柄和叶脉一样的斑纹,令人颇感惊奇。

目前有不少人分不清蝶与蛾,常常把两者混为一谈。"其实,蝴蝶与蛾子有明显区别,主要有以下五点不同:一是蝴蝶触角呈棍棒形或槌形,而蛾子的触角呈羽毛状、栉齿状、丝状等;二是蝴蝶的腹部瘦长,蛾子的腹部粗短;三是蝴蝶休息时翅膀竖立,蛾子休息时翅膀两侧朝下倾斜成屋脊状;四是蝴蝶的翅膀阔

被蝴蝶覆盖的树木。
图片作者：Bfpage at English Wikipedia

大，蛾子的翅膀大多窄小；五是蝴蝶白天外出活动，而大多数蛾子则夜间活动。根据上述五点，我们就能将蝴蝶与蛾子区别开来。

在人们的印象中，蝴蝶都长得十分娇嫩和脆弱，只能在花丛间飞舞或作短距离飞行，但事实上有不少种类，却能够长途迁飞，甚至越洋过海，被人们称为"蝴蝶的旅行"。澳洲的一种黑褐色蝴蝶，每年趁刮西风的时候，飞越2 000多千米的塔斯曼海面，抵达新西兰；新西兰的一种彩瓢蝶，常常跨越大约1 600千米宽的洋面，飞达澳大利亚。

关于成群蝴蝶的长途迁飞，最出名的要数大斑蝶了。每到秋冬时节，墨西哥城北部的马德雷山区便成为大斑蝶的一个大本营。这里的蝴蝶，有时数量多得实在难以计算，远远望去，整个山地犹似覆盖着一张巨大而美丽的花毯子。

墨西哥马德雷山区的大斑蝶是从何而来呢？原来，它们是从加拿大迁飞来的。每年秋天，大斑蝶成群结队，沿着一条固定的路线，向南迁飞。它们白天飞行，晚上栖息在树上。一年又一年，同一树林成为这种蝴蝶的固定休息场所。

根据昆虫学家的长期研究，认为蝴蝶的迁飞有一定的路线和方向。至于它们为什么迁飞，这可能与一定气流活动以及蝴蝶的生态、生理特点有关。关于蝴蝶长途迁飞的耐力，特别是它们飞渡辽阔洋面而不停歇的本领，科学家认为：蝴蝶凭着它那发达的胸肌，以及轻便、宽阔的翅膀，很善于飞行；有的蝴蝶还能利用高空大气的流动，展翅作省力的滑翔。这就使得它们可以飞得更远。这种作长距离飞行的蝴蝶，往往采取集体行动，当它们成千上万进行大规模迁飞时，就形成所谓"迁移飞行"。参加迁移飞行的蝴蝶，数量不同，多时可达几十亿只。它们的旅程也长短不一，短的只在一省、一地，小范围内进行；长的则能够漂洋过海，作洲际旅行。

苍蝇的绝招

苍蝇是大家既熟悉又厌恶的一类昆虫。种数很多，全世界大约有几千种。据1979年统计，我国的苍蝇有850多种。其中不少种类是严重的害虫。

苍蝇的飞行能力虽然比不上蜻蜓、蝗虫和蝴蝶，但是也应该说是很强的，某些绝招比上述三类昆虫更为高明。

在城镇里，苍蝇飞得不远，一般多飞行在半径500米的范围内。到了农村，苍蝇的飞行范围就广了，一天能够飞行大约9千米。苍蝇飞行的最远距离，可以达到20千米。这类弱小的昆虫之所以有如此强的飞行本领，不仅与它的翅膀形状和构造、胸部飞翔肌的发达有关，而且还与一对由后翅退化而成的棒状物有关。这种棒状物，动物学上叫做"平衡棍"，位于虫体的两侧。当苍蝇飞行时，这棒状物充满血液，作为平衡器官，帮助虫体确定飞行方向以及起平衡作用；当它着陆停止飞行时，这个器官就收缩并恢复原状。

苍蝇在飞行时的一个绝招，曾经迷惑过科学家很长时间。它的特技是，在一个正常的垂脚姿势的飞行以后，能立即颠倒身体停落在天花板上。这一"立即"，往往令人们的眼睛不能看清。

平时我们在家里，常常可以欣赏到苍蝇的这个"绝招"表演。一个早期的解释认为，苍蝇做了一个翻圈的飞行动作以后，用脚立即接触天花板。后来，有人拍摄了苍蝇这一连续动作的慢镜头，回答了这一问题。苍蝇在垂脚飞行后，做了一个半旋转的动作，然后急速翻过身体，停在天花板上，但它的头部仍旧朝着原来飞行的方向。说来奇怪，在苍蝇的翅膀自动停止鼓动的一刹那间，它的足就立即接触了

苍蝇可以在翅膀停止鼓动的一刹那让自己"立足"。
图片作者：JonRichfield.

固体物质。这种能使飞行停止得如此便捷的本领,在昆虫王国中是极为罕见的。

苍蝇的另一个惊人绝招,是能够在光滑的玻璃窗上行走自如,在天花板上倒挂"散步"。这一特技是一般昆虫所无法做到的。它的奥秘在什么地方呢?我们用显微镜观察苍蝇脚的前端,可以发现有一对锐利的"钢钩",就是生在跗节前端的爪。在这对"钢钩"之间,生有细毛和两只柔软的爪垫,在爪垫上分泌出一种液体,经常润湿爪垫表面。苍蝇就是利用爪垫的黏着力和"钢钩"式的爪尖,把身体倒挂在滑溜的玻璃或电灯泡表面上的。

科学家早已研究发现,苍蝇头上的一对触角上有许多感受器,使它具有特别灵敏的嗅觉,即使在飞行途中,也能嗅到喜食的东西,并降落下来,饱餐一顿。科学家曾利用苍蝇的这一特点破过案。

距今700多年前的南宋时代,我国有个名叫宋慈的县令,解决了许多疑难案件,因而被誉为"世界伟大的法医学家"。

在他的法医专著《洗冤集录》中,就有一则利用苍蝇破案的记载。一个大热天,宋慈接到报告,县里发生了一件凶杀案。他急忙赶到现场,发现凶手是用镰刀杀人的,并见尸体还没有腐烂,因而推测凶手不可能走得很远。于是,他下令附近村庄的人把所有的镰刀都交出来。不一会儿,一群苍蝇飞来了,许多苍蝇都集中叮在一把镰刀上。此刻,宋慈叫人把镰刀的主人抓起来。果然,此人就是杀人凶手。因为苍蝇有着灵敏的嗅觉,尽管杀人用的镰刀经过冲洗,但上面还残留着血腥气,所以就把苍蝇引来了。

今天,科学技术虽然已很发达,但苍蝇在破案中仍有用武之地。美国伊利诺伊州立大学的一位昆虫学家就用苍蝇协助警方侦破了不少重大案件。这位昆虫学家对苍蝇的习性了如指掌。每当谋杀案发生后,最先到达凶案现场的往往是苍蝇。

它们对血腥味和体臭都极为敏感。在500米外嗅到尸体的气味,雌蝇就会飞去产卵。所以这位昆虫学家首先要求警方人员设法逮住出现在现场的苍蝇,然后在实验室对苍蝇进行检查化验,从中得到许多有益的线索。例如,

苍蝇的嗅觉特别灵敏。
图片作者:JJ Harrison

从苍蝇的类型可以判定尸体有没有被移动过。原来，城市里的苍蝇与郊外的苍蝇是不同的。如果尸体在城市里，却发现有郊外的苍蝇在尸体附近飞翔，那就说明尸体可能是从郊外移来的。从分析苍蝇在尸体上产的卵的发育阶段，又可以确定谋杀案发生的大概时间。因为蝇卵在孵化成幼虫时，常受到气温的影响：气温高，孵化得较快；气温低，孵化得较慢。将蝇卵的孵化情况同现场天气记录相对照，就可以推算凶杀案发生的时间。

苍蝇是声名狼藉的大害虫，来往于它的孳生地与取食场所之间，出入于厕所、垃圾堆、腐败食物等肮脏不堪的场所，以及厨房、餐厅之中，把病菌带到人们的食物上，而且苍蝇有边吃边拉的恶习，这些病原体也可以进入它的肠道，又随着它的粪便排泄出来，污染食物和饮水，使人感染患病。据检验，一只成年苍蝇体外携带的病原体约有几万个至几百万个，而体内的病原体有1万多个至1700万个。令人惊奇的是，苍蝇身上有如此多的病原体，而它自己为什么不会得病呢？

昆虫学家经过研究后，终于发现了苍蝇防病的奥秘。原来，苍蝇在吃了带有病菌的食物以后，能够在消化道内进行特快处理，急速摄取营养，然后将无用的糟粕和病菌及时排出体外。有人作过计算，苍蝇从进食、处理和吸收养料，一直到排出废物，只需要 7～11 秒钟。这样快的速度，使病菌来不及大量繁殖就被排出体外了。平时我们看到苍蝇边吃边拉，也就是这个道理。

有时候，苍蝇也会碰上快速繁衍子孙的病菌，苍蝇也有自己的对策。苍蝇的免疫功能很强，体内能产生多种抗病菌和病毒的有效物质。例如苍蝇的分泌物中有一种"抗菌活性蛋白"，具有很强的杀菌和抗病毒能力，只要万分之一的浓度，就可以将各种病菌和病毒消灭。今天，任何一种抗生素都无法与之相比。科学家还发现，苍蝇体内另有一种抗癌活性蛋白，它对癌细胞有极强的抑制作用。

苍蝇有"边吃边拉"的坏习惯。
图片作者：Aravind Sivaraj

蜜蜂的舞蹈语言

在昆虫王国里,像蜜蜂那样过着具有明确分工制度的社会性群体生活的昆虫,是十分罕见的。

蜜蜂的家族,由一只蜂王、少数雄蜂和许多工蜂组成。蜂王具有比较细长的腹部而与其他的蜜蜂不同,它是整个家族里唯一发育完全的雌性蜜蜂,是这个庞大家族内的唯一母亲,只有蜂王才能产卵,整个蜂群的祸福主要就决定在这只蜂王的身上。雄蜂身体肥胖,显得笨拙,眼睛特别大,触角较长,外貌十分漂亮,在蜜蜂家族极盛时期(即夏末季节)出世,它的唯一职责是与"处女"蜂王交配,因此有"浪荡公子"之称。交配以后,蜜月未度,便与世长辞,真可谓短命的新郎。除了蜂王、雄蜂外,其他蜜蜂全都是工蜂。工蜂都是雌性蜜蜂,不过它们的产卵机能已经退化,不会产卵。然而,工蜂却有一种在其他昆虫中极少有的抚育后代的母性,承担起蜂王和雄蜂根本不干的全部工作。工蜂之间有分工:一部分负担清洁卫生工作,一部分负责哺育幼虫,再一部分担任守卫工作,还有的承担建造巢房或者采集食物的,这与人类社会中的清洁工、保姆、警卫、建筑工人和农民等分工何等相似啊!不过,工蜂的工种不是固定的,它们会随着年龄不同而改换工种。

工蜂的寿命虽然比雄蜂要长,但也很短暂。在春天和夏天出生的工蜂,从孵化出房时算起,它的寿命极少超过4~5周,因为在采集飞行中会碰到各种危险,所以许多工蜂都过早地死亡。而在这短暂的生命期内,

蜂王和工蜂。
图片作者:Waugsberg

能完成它的各项工作,确是极有意义的事情。而在夏末和秋天出生的工蜂,情况就不同了,这些越冬蜂的寿命可达到好几个月。它们能够延长寿命,这是因为蜂巢里贮存着食粮,使它们秋天也能喂肥自己,而且这时候不用再孵卵和哺育幼蜂,不用消耗积蓄在自己体内的养分。在这样安静舒适的情况下,营养又很充足,所以寿命就比较长。

在蜜蜂家族中,只有蜂王的寿命最长,为完成做母亲繁殖后代的任务,它能活3~5年。

蜂王和工蜂在刚出世的时候,两者并没有任何区别。只是当蜂王产卵时,偶然把卵产在叫做"王台"的特殊蜂房中,这些卵就获得了变成蜂王的资格。王台里面的蜂乳,比一般蜂房要多200~300倍。这就是说,从卵的时期开始,它就享受了优厚的营养条件,使它可能成长为蜂王。

在蜜蜂家族里,蜂王简直是至高无上的女王,让蜂群为它效劳。蜂王产卵时,无论走到哪里,总是有许多工蜂在一旁服侍着它;工蜂把蜂王将要产卵的蜂房,打扫得干干净净;蜂王休息时,工蜂们便一口一口地轮流喂养着它;蜂王在巢内行动时,其他工蜂会闪在一旁,赶快给它让路;如果蜂王要从这一蜂巢到另一蜂巢去,工蜂们就互相连接起来,搭成一座临时的"桥"。蜂王为什么会有如此大的威信呢?关键在于它的唾液。

据科学家研究发现,蜂王的唾液中含有一种特殊的化学物质——信息素,它是从蜂王下颚唾液腺内分泌出来的。这种神秘的化学物质,成为蜂王发号施令的"资本",不仅能抑制工蜂卵巢的发育,使它们不会产卵,而且能使工蜂们俯首帖耳、心甘情愿地服从蜂王,无条件地为蜂王效劳。因而这种神奇的化学物质被称之为"女王物质"。

对蜂王来说,女王物质是至关重要的。蜂王一旦丧失了唾液腺,就会失去了感召力,工蜂们就会离开它,甚至会让它活活饿死。已经死去的蜂王,只要唾液腺还没有损坏,唾液腺

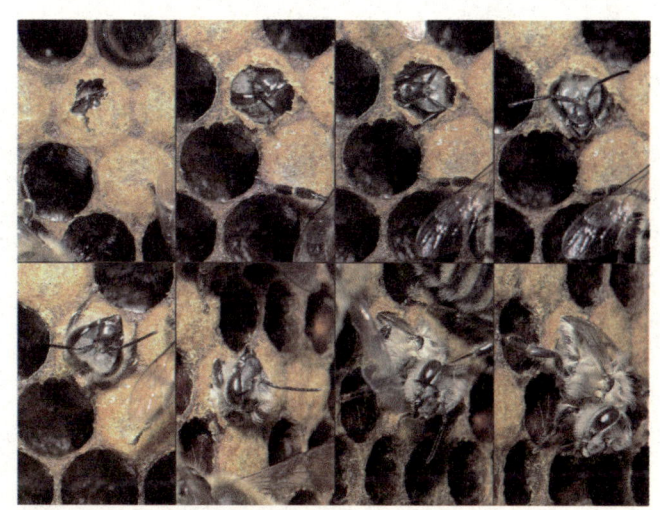

在蜂王产卵21天后,工蜂孵化出来。
图片作者:Waugsberg

中还留有女王物质，工蜂们便一如既往地簇拥在它的周围。

有趣的是，如果有人把蜂王取走，放入一块浸了女王物质的木块，结果这窝蜂生活得很正常，工蜂们的卵巢也都不会发育。

建立一个新的蜜蜂家族，必须"分群"，并需要一个新蜂王。一般在5月份，工蜂们建筑了几个王台，老蜂王将卵产在这些特别的蜂房中，培育新蜂王。在通常情况下，有一个新蜂王就够了，多余的将会被最先出生的蜂王残酷地除掉。

大约在新蜂王从王台出来前一星期，老蜂王就准备把蜂巢"移交"给新蜂王，自己离开去另觅"新居"。老蜂王离巢时，大约占整个巢数量一半的蜜蜂在巢门口集结成密密的一团，突然间它们骚动起来，仿佛一阵疯狂的旋风乱哄哄地飞了起来，一朵蜜蜂云升起在空中，它们与老蜂王就这样离开了原来的家。令人遗憾的是，老蜂王离巢他去的时候，留下来的蜂群竟然没有一只对它进行"挽留"，这也许是动物和人的区别吧。

开始，离巢的蜜蜂飞得不远，就在一棵树杈或类似的地方停下来，围绕着蜂王形成一串密密的"蜜蜂葡萄"。此刻，留神的养蜂人可以安全而不费劲地将这群分巢蜂送进一个空的蜂箱内；如果迟疑太久，它们就会起飞，去寻找一个合适的地方（如空心树或另外的空蜂箱）安家，这一良机就丢失了。

在原来的蜂巢里，留下的半数蜜蜂虽然暂时没有蜂王，但过几天后新蜂王就从王台出生了。这只处女蜂王在出生后1个星期左右，如天气不好会再晚几天，就要进行新婚飞行了。

蜂王一般总是选择一个风和日丽的好日子，飞进雄蜂飞翔圈里，吸引众多的雄蜂追随，谁先追上，它就与谁交配，有时甚至同几只雄蜂依次交配。通常，蜂王要在1~2天内外出飞行交配2~4次，才能受精充足，然后才可不停息地产卵。

为了观察蜜蜂在空中的交配过程，科学家用很细的尼龙丝系着渴望婚配的蜂王，让其在空中飞行。往往只经过数分钟，几十只甚至上百只的雄蜂就飞近了蜂王。

蜜蜂的新婚飞行，

雌蜂比雄蜂善于飞行。
图片作者：Louise Docker

尽管看上去是蜂王飞向蓝天而吸引了雄蜂，但实际上，雄蜂主要是被蜂王下颚唾液腺分泌的香味，以及它的后腹部所散发的特殊气味所吸引。有人做过实验，如果把浸有这种香料的棉花球，系在气球上，让其升向天空，雄蜂同样也会追随上去的。在实验中还发现，雄蜂的飞行很有规律，不会到处乱飞，在辽阔天空中，它们聚集的范围仅局限于直径约 50 ~ 200 米的区域，这个区域一般离开蜂巢大约 1 千 ~ 4 千米远，极少飞至离蜂巢 7 千米以外的地方。而且每年都纷纷地飞到同一地点，在那里发现或等候蜂王。

在动物世界中，蜜蜂的舞蹈语言，也许是首屈一指的。当执行侦察蜜源任务的工蜂回巢以后，它在蜂房的表面，先飞一个圆圈，然后转一个方向，再飞一个圆圈，也就是跳圆圈舞。这是在告诉同伴："我已经找到了蜜源。"果然，在跳舞工蜂的追随者中，有的已经爬向出口，飞了出去，不久在蜜源处便发现了第一批新飞来的采蜜工蜂。这批蜜蜂采了蜜飞回蜂巢后，它们也照样跳起舞来。跳的舞越多，飞到蜜源处去采蜜的新伙伴也越多。

蜜蜂的圆圈舞包含着两个信息：一是告诉同伴发现了蜜源，二是向同伴指明在 50 米内的地方有蜜源。另外，如果侦察蜜源的工蜂先飞半圈，然后直飞回来，换一个方向又飞半圈，形状有点像一个横写的"8"字，直飞的时候，尾部还不停地摆动着，这就是摆尾舞，也叫摇摆舞。摆尾舞是向其他工蜂报告，在离蜂巢较远处有蜜源。在一定的时间内，摇摆次数的多少，表示蜜源距离的近远。例如这一距离为 300 米，侦察蜜源的工蜂就在 30 秒钟内摇摆 15 次左右；距离 600 米时，在同样时间内，只摇摆 11 次。

德国昆虫学家卡尔·丰·弗里希进行了实验：让同一个蜂箱的蜜蜂一部分在附近饲料点活动，另一部分做上记号，放到远处的饲料点上。于是在蜂箱内可以看到奇怪的现象，所有在近处活动的蜜蜂都跳圆圈舞，而放到远处去的蜜蜂则跳摆尾舞。这一实验证明了跳圆圈舞意味着食物

蜜蜂的圆圈舞报告了蜜源的信息。
图片作者：J.Tautz and M.Kleinhenz, Beegroup Würzburg

源在近处，而摆尾舞则意味着食物源在远处。如果将饲料点分级拉开距离，在50～100米采集距离之间，采食的蜜蜂则会由跳圆圈舞过渡为跳摆尾舞。两者之间还有一个不同之处是，当侦察蜜源的工蜂用摆尾舞与其他工蜂"对话"时，同时用翅膀发出声音"信息"。这种声音仿佛小型轻便自行车所发出的连续声音。

声音持续时间的长短，表示蜂巢与蜜源之间的距离。据昆虫学家观察记录，声音持续0.4秒，蜂巢与蜜源的距离大约是200米左右。

蜜蜂的舞蹈动作，不但能报告花蜜距离蜂巢的远近，而且还能指示花蜜所在地的方向。如果跳摆尾舞时，蜜蜂头向上，从下往上飞直线，这就是告诉同伙："朝太阳方向飞去，便能找到蜜源。"如果跳摆尾舞时，蜜蜂头向下，从上往下飞直线，就是向同伙报告："在背着太阳的地方，可以找到食物。"

蜜蜂除了采蜜以外，花粉也是它不可缺少的食物。采集花粉的蜜蜂，虽然也是以跳圆圈舞表示花粉在近处，跳摆尾舞表示方向在远处，却有些差别，采花粉的蜜蜂身上带有花粉，不同的花，其花粉的香味是有区别的，它向伙伴们跳舞指引，仅对采食过这种花粉者有效。

蜜蜂的舞蹈语言，除了表明采集花蜜、花粉的目标以外，还能告诉伙伴们哪里有水，哪里可以采到树胶用来修缮粘补蜂房。特别有趣的是，通过跳舞表达它所找寻的住处或可筑巢的地方。

当一个巢里"分群"时，老蜂王会派出侦察蜂分头去物色适宜的新居。找到筑巢地点的侦察蜂相继飞回来，它们不仅会用舞蹈动作报告这个地点的方位，而且还会通过舞蹈语言描述那里是否理想：如果新居非常理想，侦察蜂可以兴奋地接连跳上几个小时，而且跳得生龙活虎，热情洋溢；如果新居不大理想，它的舞蹈就跳得没精打采，死气沉沉，而且很快就结束了。为了证实蜜蜂的这一行为，有人还做了一个实验，在一个平坦的旷野上预先放好了许多人造蜂巢，结果从质量最好的蜂巢飞回来的侦察蜂，以生气勃勃的舞姿赢得了伙

正在采集花粉的蜜蜂。
图片作者：Ricks at the German language Wikipedia

伴们的赞赏，大家便成群结队地向这个蜂巢飞去。

蜜蜂对人类的好处是众所周知的。蜂蜜和蜂乳等对人体十分有益，蜂蜡和蜂胶则是工业上的重要原料。还有十分重要的一点是，蜜蜂为农作物和水果等经济作物传播花粉，起媒介作用。据农业昆虫学家研究，尽管蝴蝶、花虻等也都是昆虫中吸蜜从而传粉的能手，但是它们吮吸花蜜的方式是"温文尔雅"的，不像蜜蜂采蜜那样"手舞足蹈"，所以传粉的效果远不及蜜蜂。据日本科学家实验，由于蜜蜂的传粉，能使莲子增产10倍以上。在美国，如果养蜂者把蜂箱放置在田地里，田地的主人还要付费给养蜂者以示酬谢呢！

自然界中的蜂巢。
图片作者：Bilby

科学家们掌握了蜜蜂的舞蹈语言以后，便设想仿生，利用人造的电子蜂来指挥蜜蜂的活动。要蜜蜂飞到麦田去，电子蜂便跳起相应的舞蹈，把它们引向麦田；要蜜蜂飞往油菜田，它们便会根据电子蜂的舞蹈动作，向油菜田飞去。这样，不但可以帮助农作物传粉，增加农作物的产量，而且还可以根据人的需要，得到不同的蜂蜜。同样，也可以利用电子蜂，使蜂群按人的意愿"搬家"。

形形色色的飞蛾

全世界的飞蛾种类繁多，人们熟知的有夜蛾、麦蛾、菜蛾、卷叶蛾、螟蛾、蓑蛾、枯叶蛾、毒蛾、天蛾以及尺蛾等。飞蛾虽然种类很多，但是它们的幼虫体型相似，俗称"毛毛虫"，很多为农林业害虫。

黏虫俗称"行军虫"、"五色虫"、"剃枝虫"，是夜蛾科的成员，也是农作物的重要害虫。幼虫主要危害小麦、玉米、水稻、粟和甘蔗等。成虫体长 16～20 毫米，身体淡黄褐色或灰褐色。前翅淡灰褐色，有很多黑褐色小点，翅面中央有两个淡黄色圆斑，翅尖有黑色斜纹；后翅内侧呈淡灰褐色，外侧呈淡棕色。

黏虫的成虫飞行能力很强，每小时速度可达 70～80 千米，比汽车常速还要快，并且能连续飞行达 7～8 小时，在昆虫王国里称得上是飞行能手。

黏虫是一种完全变态昆虫（即个体发育过程中，经过卵、幼虫、蛹和成虫 4 个时期），每年发生 2～8 代。幼虫头部淡黄褐色，有"八"字形黑褐色纹，胸腹背侧有 5 条明显的彩色纵纹。当田间幼虫数量很多时，常常会集体迁移寻找食物，这时，许多幼虫自动排成长队，有秩序地从这块田迁移到另一块田，"行军虫"一名就由此而来。

农田中的夜蛾。
图片作者：Jacinta Lluch Valero

尺蛾又叫尺蠖蛾，是尺蛾科昆虫的统称。种类很多，全世界已知的有 12 000 多种，我国常见的有 43 种，都是危害农林果树的害虫。成虫身体细长，有短毛，翅膀大而薄，前后翅颜色相似，有连接的条纹。它们白天栖息在树枝上，四翅平展；夜晚出来活动，飞行能力不强，有些种类的雌蛾没有翅膀，不会飞行。

尺蛾幼虫的行动十分特

殊，爬行时先将身体一屈，将尾部移靠头部，身体屈成弓形，然后伸开头部前进，这样一屈一伸、一拱一拱地，好像人平常用手量长短的行动，所以又称尺蠖，在我国北方叫步曲。因为身体屈起时，又像一座桥，在我国南方叫造桥虫。幼虫在树上休息时，用一对腹足和一对臀足附着在树枝上，身体前面部分挺直，与树枝成一个斜角，静止不动，粗看起来，和树上的枯枝一模一样，有拟态作用，不易被敌害发现。有一种叫柿豹尺蛾，它的幼虫静止时身体昂起，胸部膨大，形如眼镜蛇，令人生畏，这也是一种拟态。

蓑蛾又叫皮虫、避债蛾，是蓑蛾科昆虫的统称，全世界已知的约有 800 种，主要分布在亚热带和热带地区。雌雄成虫的外貌有明显区别。雄蛾有两对棕褐色的大翅膀，能够自由飞行，一般栖息在大树梢上，寿命很短，羽化后只能活上 2~3 天，人们不易见到它。雌蛾长相很特殊，没有翅膀，或者只有不发达的翅片，不会飞行，只能躲在幼虫时期吐丝缀叶卷成的梭形皮囊内，好像披了件蓑衣似的，故得名蓑蛾。由于雌蛾没有翅膀，又不出皮囊，因而在繁殖时，雄蛾只好伸出交尾器刺入雌蛾的皮囊末端的开口处与雌蛾交配。雌蛾将卵产在皮囊底部，身体渐渐萎缩，当产完卵（平均 1 000 粒左右，多的可达 5 000 粒）后，它便在皮囊的上部干枯死亡。

经过 2~3 周，卵孵化出幼虫，幼虫在皮囊里停留 3~5 天后，2 毫米长的幼虫就咬碎雌蛾的残骸和皮囊，纷纷爬了出来。开始，它们笔直地站立在皮囊的顶端，然后吐丝并随着风力飘荡到周围的寄主植物上，再吐丝缀叶，卷成皮囊把自己保护起来，取食和迁动时，也把皮囊一起带着。随着幼虫的龄期增长，幼虫会不断吐丝使皮囊加长。此时如果把一些花布条和彩色纸片放在它身旁，它会巧妙地粘成外观美丽、颜色鲜艳的"外衣"。当一处食物被吃尽时，它们便用细丝悬着皮囊下垂，乘风飘动，移至别处觅食。因为蓑蛾的卵、幼虫、蛹和雌蛾都生活在皮囊里，所以又名皮虫。

蓑蛾幼虫食性很杂，能危害 100 多种植物，不仅吃叶子，还吃小枝的皮层和幼嫩果实，是农林和果树的重要害虫。

据昆虫学家长期观

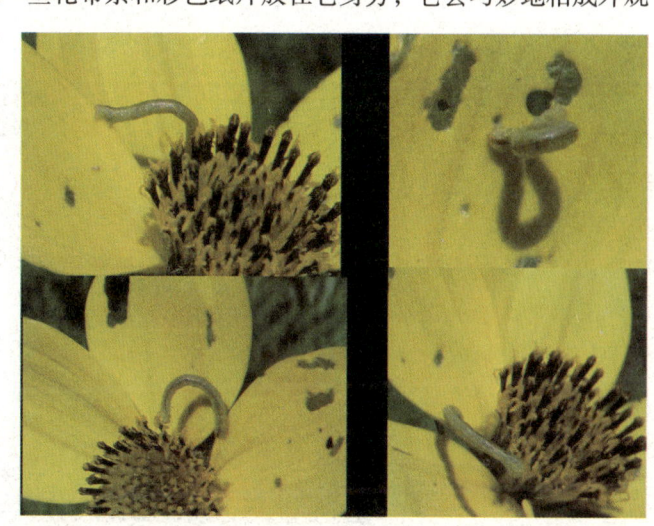

"造桥虫"尺蛾幼虫。
图片作者：Brocken Inaglory

成熟的蓑蛾。
图片作者：CSIRO

察，发现在大约12.7万种蛾类中，只有几十种在交配前会跳"婚礼舞蹈"。我们最熟悉的蚕蛾，它们从蚕茧里一出来后，雌雄蛾就很快交配了。而跳"婚礼舞蹈"的蛾子，在交配以前，雄蛾围在雌蛾的周围，一边鼓动翅膀，一边不断绕行，这就是少数种类的蛾子的"婚礼舞蹈"。

一般来说，蝴蝶都在白天翩翩飞舞，而蛾子与蝴蝶恰恰相反，除少数种类也在白天活动外，大多数种类白天都躲在树干的洞窟里，叶子的背面等隐蔽处，到了夜间才开始活跃起来，四出飞舞，吮吸花蜜和果实的汁液等，成了昆虫王国中的"夜游神"。据昆虫学家研究，蛾子夜出活动的习性与它们的视力发达有关，可以在微弱的光线下区别物体颜色的深浅。

科学家在研究蛾类的视觉时，还发现不少种类的蛾子有强烈的趋光性。因为飞蛾在夜间活动时，它的两只复眼受到强度不同的光线照射，例如左面复眼受到强光照射时，它的右侧翅膀便会加强鼓动，不由自主地转过头来，朝着强光的方向飞行。这就是蛾子为何飞向光亮的原因。

进一步研究后，又发现不同的灯光对蛾子的吸引程度是不同的。根据实验证明，其中一种人眼所看不见的紫外光是飞蛾最喜欢的。根据这一特性，我国农村利用黑光灯来诱杀夜间出来飞行活动的农业害虫，效果很好。因为黑光灯能放射出紫外光，可以诱来700多种昆虫，其中益虫不到5%，而且多数害虫是尚未产卵的"孕妇"。被诱杀的害虫中，水稻螟虫、玉米螟虫、棉红铃虫、黏虫等飞蛾占很大比例。

蛾子具有趋光性。
图片作者：Accassidy

白蚁外飞并非好事

白蚁给人类带来的危害，已是家喻户晓了。它们蛀蚀房屋、枕木、桥梁、堤坝、树木，甚至图书和棉布等等，实在可恶，因而被称为"大害虫"。

在气候条件适宜于白蚁生长的地方，每当晴朗的中午或闷热的傍晚，白蚁就会成群地从树干中，或者从房屋内的横梁、木柱、门框、窗框、地板等的蛀洞口钻出来，四处纷飞，数目惊人，大有铺天盖地的气势，而且此现象一般要持续几天，每天白蚁飞出时间大致相同。此时此刻，不了解白蚁内幕的人们，往往认为在木头里的白蚁长出翅膀来了，只要等到它们完全飞光，就不会再有白蚁了。其实不然，飞出来的有翅膀的白蚁，不过是白蚁群中很少一部分，剩下的更多没有翅膀的白蚁还活在老巢里继续为非作歹呢！另一方面，外出的白蚁经过婚飞后翅膀脱落，在地面上寻找合适的地方构筑新巢，经过几次繁殖，又会形成一个新的白蚁群，进行新的破坏。所以说白蚁外飞并非好事，会带来更多的危害。

白蚁是一类群栖性昆虫。每个白蚁群由两种白蚁组成：一是繁殖型白蚁，二是非繁殖型白蚁。

繁殖型白蚁包括蚁王、蚁后、补充型蚁王和补充型蚁后，它们是具有生殖能力的雌雄白蚁，长有一对大小相同、外形一致并比腹部还长的翅膀，以及复眼、单眼各一对。繁殖型白蚁除了"生儿育女"之外，什么工作都不干，连饮食也要由工蚁把肠子里呕出的液体，嘴对着嘴地饲喂。蚁后个

头部为红色的兵蚁和头部为白色的兵蚁。

头特别大，体长可达 4 厘米，比其他白蚁要大 10～20 倍，而且生殖能力惊人，一个白蚁巢中常有几万只白蚁卵。蚁后的寿命可达 10 年以上，一生中大约产卵 100 万个，是产卵数最多的昆虫。通常，每个白蚁群中只有一王一后，有时也有一王多后的。如果原来的蚁王、蚁后去世或丧失生殖能力，就由补充型蚁王、蚁后接替。

工蚁和兵蚁虽然也有雌雄之分，但是它们受到了蚁后分泌的类似于蜜蜂的"女王物质"的抑制，所以都没有生殖能力，成了个子小、没有翅膀的非繁殖型白蚁。在白蚁群中，工蚁占绝大多数，而且最忙碌，担负着筑巢、铺路、采食、取水、哺育幼蚁、饲喂蚁王和蚁后、清洁卫生等整个群体的生活，因此也是直接危害人民财产的主体。兵蚁比工蚁稍大，头部特别发达，有强健并能分泌毒液的剪刀状上颚，负责保护蚁群。兵蚁虽然对敌勇猛，却不会取食，也是由工蚁喂养。在正常情况下，工蚁和兵蚁的寿命为 1～2 年，与蚁后相比是"短命鬼"。

被白蚁破坏的木材。
图片作者：Alton

根据美国自然历史博物馆馆长、白蚁收集家库马·克瑞希那统计，全世界共有 2 000 种白蚁，除南极洲外，地球上任何地方都有白蚁的存在。那么，世界上白蚁的个体数目又有多少呢？近年来，美国国家气象研究中心气象化学家帕特里克·齐默尔曼教授在研究白蚁时，剖析了东非许多白蚁丘（白蚁居住的土堆），并用电脑记录每个白蚁丘的白蚁数目，认为平均每个白蚁丘约有 200 万～300 万只白蚁。据此，齐默尔曼教授估计世界上平均每人可拥有半吨多白蚁，这是一个十分惊人的数目。美国科学家在研究白蚁的功过时，还发现在 2 000 种白蚁中，大约只有 10% 会给人类造成经济损失，而这些有害白蚁都有外飞繁殖的习性，这对防治有害白蚁是有很大意义的。我们可以利用它们的趋光性和下落地面的特点，在灯光下放置水盆，引诱繁殖型白蚁坠入水中淹死。

蚊子的飞舞求偶

蚊类也是个大家族，全世界已知的约有3 150种，我国有300种左右，大多数种类都能叮人吸血，其中较常见的有按蚊、库蚊和伊蚊3大类群。

蚊子吸血是靠两眼下方伸向前端的细长喙，喙内有6根比头发还要细的螫针，它们合成一束，其中上唇和小舌组成管道，作为吮吸用的食物通道；一对上颚和一对下颚，形似带有锯齿的4把"腰刀"，是刺破皮肤的利器。吸血时，蚊子先用喙前端两个唇瓣紧贴在皮肤上，然后将6根螫针"脱鞘"刺入皮肤内吸血，同时唾液腺分泌唾液注入伤口。唾液中含有抗凝血酶，能使血液不凝固而被源源吸出，而且蚊子唾液还是一种异体蛋白，使伤口又痒又肿，给人带来痛苦。有趣的是，叮人吸血的都是雌蚊，而雄蚊因喙不发达而无法叮人吸血，主要以植物枝芽或花蕾的汁液为食。

雌蚊的毛少而短的触角（雄蚊的触角毛多而细长）上有感受器，能在黑暗中顺着风势嗅到人们在睡觉时呼出的二氧化碳气味并很快跟踪飞来，开始叮咬吸血活动。黄昏时刻，特别是闷热天气或雷雨之后，雌蚊飞近人体叮人吸血格外猖狂。

雌蚊还有一个有趣的食性，就是叮人吸血有选择性。夏天，常听到有人这样抱怨："为什么蚊子咬我而不咬你？"这究竟是什么原因呢？据英国伦敦的皇家学院、罗马的寄生虫学院、坦桑尼亚国家医学研究院以及荷兰魏吉宁根大学昆虫学系科学家们共同研究，发现蚊子叮人吸血与人的体温、呼出的二氧化碳量和汗液多少有密切关系，其中最后一点尤为重要。

雌蚊在人群或几个人中飞来飞去，合乎它"口味"而受到"光顾"的，首先是体温较高的人。因为人的体温有差异，那些体温较高

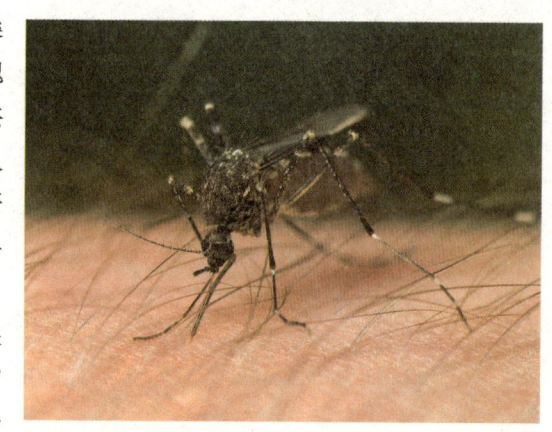

蚊子细长的喙像针一样。
图片作者：JJ Harrison

的人，身体会分泌出含有较多氨基酸、乳酸和氨类的化合物，最容易引来蚊子叮咬。蚊子对二氧化碳气味特别敏感，一些肺活量较大的人，睡觉时呼出的二氧化碳量就大，蚊子嗅到后立即追踪飞来叮咬。人的汗液气味是吸引蚊子叮咬的重要因素，非洲所以成为世界上疟疾高发地带，主要是由于卫生条件差，人出汗多而不及时清洗，因而招来了大量疟蚊叮咬吸血，传播疟疾。

　　雌蚊的胃口很大，如果人不干扰的话，它一直要吸血到那苗条的细长腹部变成鲜红透明的大肚皮为止，吸血量远远超过它自身的重量。吸饱血的雌蚊，几乎无力飞行，只好停息在家具或墙壁上过夜，或者勉强飞到树叶上"养神"了。

　　傍晚，雄蚊成群在草丛、灌木丛上，甚至在空场上飞舞，雌蚊被雄蚊的鼓翅声音所吸引，它们也"应邀"飞入群内。

　　有时蚊子在飞舞时，可聚集非常多的数量，它们随风飘动，远远望去好似烟柱。1950年9月初，北京什刹海附近一座30多米高的鼓楼的右侧兽脊上，傍晚像有缕缕青烟升起，随风飘荡，引来了许多人看热闹。有人用网将"青烟"带下来，却发现是数不清的库蚊。原来这段时间正逢什刹海挖泥疏浚，水浅泥深，给库蚊造成大量繁殖的条件。鼓楼是什刹海东北角的制高点，太阳西斜时，光线射到鼓楼屋脊的黄、绿色闪耀的琉璃瓦上，引来成群的库蚊飞舞求偶。在蚊子的飞舞中，雌蚊一旦被雄蚊抓握住，便进行交配。

　　雌蚊交配一次所获得的精子，就足够它一生产卵之用，而每次产卵约数十粒到百余粒，一生可产卵4~5次。交配之后，受精囊内藏满了精子，保证使每次所产的卵受精。一般雌蚊吸血后2~3天，就飞往适宜的孳生地产卵。有的为了寻找水源处产卵，需要飞行几千米之遥。雌蚊大约可活一个月，而雄蚊却只能活一个星期，在飞舞求偶后不久就死去了。

　　雌蚊的卵产在水中后，如果气温适合，约在1~2天后就可孵化出幼虫——孑孓，仍生活在水中。在夏天，孑孓大约经过6~8天，先后蜕皮4次，才变成蛹。蛹呈逗点状，生活在水表面，经过2~3天，成蚊从蛹背面"T"字形纵裂羽化钻出，静止在蛹壳上一段时间，等翅膀能伸展才飞离水面。

蚊子的幼虫孑孓。

蜉蝣的"华尔兹"

蜉蝣是一类原始而古老的有翅昆虫,至今还保持着祖先的原变态特征,要先经过一个很短的亚成虫期,再蜕一次皮后才能变为成虫。

全世界已知的蜉蝣有2 100多种,我国约有80多种。成虫身体软弱,体长在3～27毫米之间。腹部细长,共有10节,末端有一对细长多节的尾须,约为体长的2～3倍,有的种类还有一条中尾丝。翅膀半透明,前翅发达,后翅很小,有的种类完全退化。头部有一对复眼,触角很短,呈刚毛状,口器已经退化。

蜉蝣是昆虫王国里出名的"短命鬼",自古以来人们就用"朝生暮死"来形容蜉蝣生命的短促。的确,成虫寿命不长,短的数小时或1～2天,长的也大约只有1个星期。但稚虫(幼虫)期却很长,在水中要生活几个月,甚至5～6年,先后蜕皮10多次,多的达40次以上,才能变为成虫。当成虫羽化出来的时候,身体里已怀有2 000～3 000个卵,这些卵都已成熟,因此成虫不需要吃东西,把卵产在水里后自己就很快死去。

尽管蜉蝣的成虫生命短促,但是它们必须经过一个求爱婚舞阶段,此刻雌雄蜉蝣展开翅膀,在水面上跳着"华尔兹":时而悠悠进退,时而优雅地转圈,舞姿极为优美。多数蜉蝣经过婚舞后就产卵繁殖后代,少数蜉蝣,如双翼二翅蜉,有胎生现象,雌蜉蝣直接在水中产出幼虫。

"朝生暮死"的蜉蝣。

空中王者——鸟类

它们有流线型的身体、强韧柔滑的羽毛,它们腾空一跃,翱翔高空。鸟类,这些生活在天空王国的居民有着独有的生存装备:轻而坚的骨骼、发达的小脑系统、敏锐的目光。它们能定向识途,能飞越崇山峻岭,准确地迁徙。

在鸟类大家庭中,有的成员善于急速飞行,比如猛禽中的鹰,冲刺速度是人类短跑冠军的10倍。

有的成员能攀高,比如斑头雁,能在喜马拉雅山两倍高度的稀薄空气中直冲云端。

有的成员会演杂技,比如蜂鸟,不仅能以直立姿势悬浮空中,还进退自如,上下随意。

有的成员能够借力翱翔,比如热爱狂风巨浪的信天翁,自信展翅,滑翔于海天之间。

还有许许多多奇特的鸟类成员,"四只翅膀"的旗翼夜鹰、不爱飞翔的秘书鸟、喜欢"寄生"生活的杜鹃、眼视四面耳听八方的猫头鹰等等,它们的秘密呼之欲出。

最早的羽毛

羽毛，是鸟类独有的特征，具有飞行等功能。然而你可知道，如今世界上9 000多种鸟类是如何起飞的？它们的祖先及其早期子孙是什么模样？

1861年，人们在现今德国巴伐利亚的索伦霍芬地区，首次发现了一个鸟化石。因为它是世界上最早的一种鸟，我们称之为始祖鸟。从发现地的地层结构来看，它属于1.5亿年以前侏罗纪晚期，也就是说与恐龙处于同一个时代。

始祖鸟是一类非常奇特的鸟，虽然身体不大，跟普通的乌鸦差不多，可是身体各部分的结构和外貌特征与现代的任何鸟类都不同，是介于爬行动物与鸟类之间的过渡型动物。比如上下颌生有锋利的牙齿，跟肉食性恐龙几无差异；嘴巴的四周还留有鳞片，这显然是爬行动物的特征；尾部拖了一根很长的尾巴，而且也有脊椎骨，要是没有披上羽毛的话，简直无法辨认出它究竟是鸟类还是爬行动物；胸骨不发达，还没有那块专供附着用以飞翔的发达肌肉的"龙骨突起"；它的所有骨骼都是实心的，不像后来鸟类的骨骼具有众多充气的细密小孔。

不过，始祖鸟比爬行动物大大地进步了，出现许多爬行动物所没有的特征。第一是身上确实出现了羽毛，前肢已经演变成为飞行用的翅膀。第二是后肢相当粗壮，脚端长着4个趾，3个向前，1个朝后，这是它在树上停歇时抓牢树枝、站稳身体所必需的。第三是高耸圆润

从始祖鸟的化石上能清晰地看到羽毛的痕迹。
图片作者：H.Raab

的脑颅，膨胀得像个小球，可以存放足够的脑量，如果将始祖鸟和恐龙的头颅体积与其躯体相比，无疑始祖鸟要机敏灵活多了。第四是那双又圆又大的眼睛，可灵活地转动，视觉非常健全，视力也相当强，怪不得它停歇在5米高的树梢上，还能清楚地监视海滩边小动物的活动情况，并能抓住时机捕食它们。第五是由于羽毛的存在，肯定始祖鸟是属于温血动物了，即具有恒温的血液，因为羽毛可以很好地作保温之用。

始祖鸟虽然已经演化出翅膀，但是翅膀展开的面积却不能与真正意义上的翱翔的飞禽相比，只和鸡、鸭之类的家禽有些相似，可见它刚刚初具飞行能力，仅仅能在短距离内举翼而已，毕竟它是初学飞行的动物嘛！

那么，始祖鸟是从古代爬行动物中哪一类进化而来的？关于这一问题，学者们观点不一，但其中有两种推测，赞同者较多。

一种认为始祖鸟是由古代四脚蜥蜴演变而来的。这种蜥蜴在演变过程中，先从陆地移到树上生活，再从树上飞向空中。它的前肢，先用于在地面上爬行，然后发展到能够爬树，再进一步用于飞行，变成了翅膀。蜥蜴在地面上爬行时，满身披着鳞片，在演变过程中逐渐改变模样，最后成了轻厚、柔软的羽毛，同时骨骼结构也发生了相应的改变。

另一种认为始祖鸟是由某种体形不大的翼龙（一种能滑翔的恐龙）进化而来，这是合乎常理的推测。因为在始祖鸟没有诞生之前，翼龙已经出世了。翼龙也具有翅膀，不过是低级的，仅是一张完整的薄薄皮膜，很容易被戳破，不像始祖鸟由无数羽毛编结而成的飞羽，不易破损，即使被刺穿成洞，也不会继续裂开扩大，影响到它的行动。

可见，从皮膜进化到飞羽，由鳞片演变为羽毛，这是生物演化史上的重大进展，始祖鸟不愧是这项重大发明的首创者。

尽管学术界曾有人提出比始祖鸟更早的鸟类，但由于化石材料不足而被否定，目前只有始祖鸟才是公认的最古老的鸟——现代鸟类的祖先；同时，始祖鸟的发现，也是鸟类起源于爬行动物的一个有力证据。

翼龙的翅膀是皮膜。
图片作者：Dmitry Bogdanov

"鸟口"知多少

现今地球上的鸟类究竟有多少,能不能像计算人口一样统计出一个比较精确的数字来,这确实是件十分困难的事情。

因为地球上地形复杂,面积广阔,再加上鸟类分布广泛以及过着难以控制的飞行生活。尽管如此,世界上一些鸟类学家经过长期的探索和研究,已经估算出一个比较精确的世界"鸟口"数字,为人们提供了鸟类资源的新资料。

根据英国著名鸟类学家詹姆士·费雪尔的估算,1987年全世界大约有1 000亿只鸟。美国自然历史博物馆鸟类学部主任狄恩·阿美顿,也曾估算过美国繁殖的陆地鸟的数量不会少于50亿只,在夏季开始时,可增加到60亿只。这一统计是用地域内的雄性鸣鸟作为一个指数,推算在不同形式的地区内,平均每公顷有多少对鸟。上述估计的"鸟口"数仅指美国本土内的。加拿大及阿拉斯加合计的面积要比美国本土约大40%,这两个地区没有包括在内。夏季时,生活在加拿大和阿拉斯加境内的鸟类,可能也同上述数字相接近。再加上平均每对鸟会哺育出2只雏鸟,由此可以知道在夏季末期,墨西哥以北的北美洲(美国、加拿大和阿拉斯加)内,有"鸟口"200多亿。通过这一数字,费雪尔估算全世界约有"鸟口"1 000亿,是比较合理的。

至于现在世界上已知的鸟类种数,已经超过了9 000种,我国有1 186种。其中海鸟约300种左右,约占3%,但是海鸟的个体数总和,可能在"鸟口"总数中所占的百分比要高一些,因为它们较少受到敌害袭击和猎人的枪杀。

鸸鹋虽然不会飞,但也是鸟。
图片作者:djpmapleferryman

最优秀的飞行动物

在全世界飞行动物中,鸟类是大家公认的最优秀的飞行动物,因为它具有一系列适应飞行生活的形态和结构。

首先,鸟类的流线型身体上披有羽毛。如此多的羽毛不但都伸向身体的后方,且强韧、柔软而又润滑,具有多种用途。一对强壮有力的翅膀上的羽毛,成弯曲状排列,非常整齐有序,在飞行时提供升力。翅膀端部伸出的较长前列羽毛,能够外扭破风而产生推进鸟体飞行的力量。密密的羽毛层覆盖着全身,飞行时可以减少空气的阻力。短短的尾巴

鸟类翅膀上的羽毛呈弯曲状排列。
图片作者:俞怀彤

上生着又长又宽的尾羽,展开时好似一把扇子,能够灵活地转动,起到舵的作用。羽毛整理适当时,可以防止水浸入身体,也能帮助水禽浮水。

其次,鸟类的骨骼轻而坚固,十分适合于飞行。一只体重 11.34 千克的鹈鹕,骨骼不到 0.68 千克,仅占体重的 6%。鸟类的骨层薄,长骨腔中空而没有骨髓,且充满气体,内有骨丛支架,既坚固又可减轻体重,有利于飞行。骨骼中的蜂巢状结构,不仅减轻了鸟的体重,而且可以帮助鸟儿充分发挥其呼吸和散热作用,以适应它剧烈飞行活动的需要。尾骨退化成为一个短节,以减少飞行时风的阻力。胸部骨骼却非常发达,形成了龙骨突起,以便附生厚实的肌肉来供给翅膀鼓动飞行的力量。头部的颅骨形成脑匣,脑部发达,足以获得飞行所需的锐利视力和平衡感觉。

还有,鸟类的呼吸与其他脊椎动物不同,它除了以肺脏作为主要呼吸器官以外,还有与肺气管相连通的 9 个非常发达的薄壁气囊。气囊的容积要比肺脏的容积大好多倍,散布于内脏的各器官之间,它的分支通过皮下肌肉进入部分骨骼中。气囊的主要作用是辅助呼吸,同时也可以调节体温和减轻体重,但是这一作用只

有在鸟儿飞行时才表现出来。

当它们飞行中翅膀上升时，气囊就扩大，内外压力不等，外压大于内压，空气就很快地经鼻孔、气管，进入肺脏内，并且流入气囊之中。当空气进入肺脏时，因为速度很快，大部分氧气没有来得及和血液进行交换就进入了气囊。气囊是没有呼吸作用的。当鸟儿的翅膀下降时，气囊就收缩，气囊里的空气再经过肺脏而排出。当空气经过肺脏时，能再进行一次气体交换，这种现象叫做"双重呼吸"。

双重呼吸的现象，与鸟类的飞行生活是很相适应的。因为翅膀鼓动得越快，呼吸动作也就越快，所以双重呼吸能够保证鸟类急促飞行时需要的氧的供应。此外，还可以预防鸟体过热和减轻内脏器官之间的摩擦，以适应剧烈的飞行动作。

另外，鸟类的心脏容量与其身体的比例，较其他脊椎动物大，心跳很快；而且心脏已分为完备的左心耳、右心耳，左心室和右心室4个腔，动脉血和静脉血完全分开，成为完全的双循环，各器官所得到的血液全部是多氧的血，这就增强了新陈代谢作用，使鸟类体温升高而恒定（37℃～44.6℃，平均为42℃）。由于新陈代谢旺盛，也就提高了鸟类的生理活动。这些都是与鸟类的剧烈飞行活动相适应的。

由于鸟类长期适应空中的飞行生活，所以它们的脑子比较发达，分化程度较高。特别是主管运动的小脑更为发达，表面上已经出现了横皱，因而能够适应复杂的飞行运动。鸟类的感觉灵敏，尤其是视觉格外发达，为脊椎动物中目光最敏锐的，能够在高处观察到地上或水中很小的食物。

鸟类的生殖和消化排泄器官也是与其飞行生活相适应的。雄鸟的生殖器官只是在繁殖季节才发达起来，而雌鸟的生殖器除少数种类外，只是左面存在，右面退化。鸟蛋按成熟期的不同，先后排出体外。从消化排泄上来看，鸟类的嘴巴里没有牙齿，直肠很短，不能贮存粪便，没有膀胱，使尿不会积留在体内，因而粪尿随时相混排出体外。这些也都能减轻体重，更适应飞行。

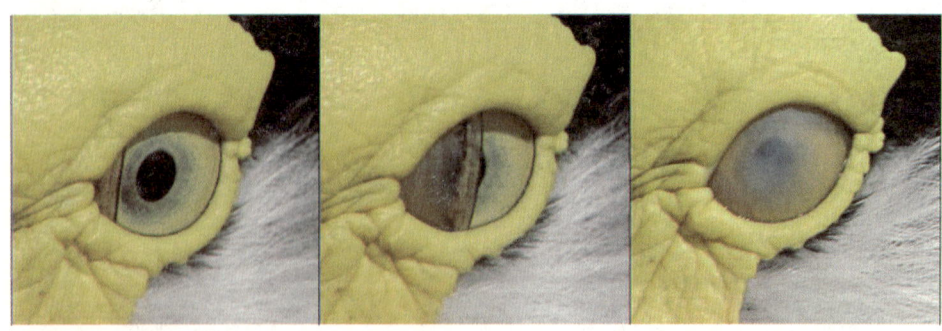

鸟类眼睛上的瞬膜可以帮助它们在高空飞行时防止风沙对眼球的伤害。
图片作者：Toby Hudson

杰出的飞禽代表

飞速的最高纪录

绝大多数的鸟类都会飞行,平均飞速约为每小时 40～70 千米。那么究竟哪一种鸟飞得最快呢?

在长距离飞行中,两种雨燕飞得最快。一种是我国产的针尾雨燕,体长在 20 厘米以上。体羽背部中央淡白色,其余为黑褐色。翅羽和尾羽呈深蓝色,尾羽尖端裸露如针,因而得名针尾雨燕。这种雨燕飞行极快,每小时可达 250～300 千米,它贴近地面像风一般地疾飞而过,然后鼓动翅膀冲上高空,接着又以惊人的速度冲向地面。另一种是褐雨燕。1934 年,有人用秒表测出这种雨燕飞行时速高达 276.47～353.23 千米;而 1942 年,苏联报道的时速仅为 170.98 千米。

说到雨燕,人们常常会将它同一般秋去春来的燕子混为一谈,其实它们分别属于不同的科,后者属燕科,前者是另一个家族——雨燕科,共有 80 种,我国已知的有 7 种,最常见的是北京雨燕,它们都是飞行能手。每当下雨前,气压较低,飞虫都靠近地面飞行,雨燕也掠近水面和地面低飞捕食,并发出尖锐而响亮的鸣声,所以称做雨燕。

猛禽中的鹰类,是世界上飞速最快的鸟类之一。其中分布广泛的游隼,是捕鸟的能手,它在俯冲扑向猎物的那一瞬间,速度可达每秒 100 米,如果换算成时速,则为每小时 360 千米,这个速度相当于人类短跑冠军的 10 倍,几乎接近于音速,因而荣获短距

雨燕家族的成员都很善于飞行。
图片作者:Hector Bottai

离速度飞行的冠军。但是游隼绝不可能以这样的高速持续飞行,只能是短距离的冲击。游隼是隼科家族中的一员,雄鸟体长约40厘米,头部和颈侧羽毛色黑微蓝,并有黑纹,上体其余部分主要呈灰蓝色,下体色白而缀有黑斑。这个家族共有59种成员,个个都是快速飞行者,而游隼是它们中的佼佼者。

谁飞得最高

鸟类学家通过从飞机和气球上所做的实验揭示,大多数鸟类迁飞都在400米以下的空中飞行,许多小型鸟类飞行的高度离地面最多不过50～100米,通常不会超过1 000米。这是因为鸟儿和人类一样,离开空气就不能生活,而空气呢,越往高越稀薄,氧气就越少。但是一些终年生活在高原地区的鸟类,像人类适应了高原生活一样,已经适应了稀薄空气的环境,所以能够飞得很高。

我国西部高山湖泊地区的夏候鸟——斑头雁,可算是鸟类中的登高冠军了。每年夏季,它从印度起飞,飞越世界第一高峰珠穆朗玛峰,到达迁徙的目的地——西藏。科学家们在印度发现,斑头雁迎着炎热的太阳,鼓动着翅膀直冲云端,估计当时的高度在17 680米左右。这个高度在同温层内,那里空气很稀薄,且温度很低,对一般鸟类来说简直是死亡区,而斑头雁却能在"死亡区"里飞行自如,真是奇迹!

1960年和1975年,我国登山运动员两次攀登珠穆朗玛峰时,都目睹雄鹰在山脊上空盘旋飞翔,高度在海拔9 000米以上。此外,登山运动员还常见一种猛禽——喜马拉雅兀鹫,在海拔7 000多米的山崖上空自由翱翔。

斑头雁善于高飞。
图片作者:J.M.Garg

天鹅是世界著名的珍贵鸟类,有大天鹅、小天鹅、疣鼻天鹅、黑天鹅和黑颈天鹅5种。平时,我们在动物园天鹅池里常见到它们浮在水面悠悠划泳,谁知它们还是飞行高手呢!有人发现,大天鹅在飞往印度越冬的过程中,也要飞过近9 000米的珠穆朗玛峰上空。

空中的杂技"演员"

在鸟类王国里,蜂鸟是一类十分奇特的鸟。这些身材小巧、羽色鲜艳、动作敏捷、飞姿多变的小型鸟,由于它们翅膀的特殊结构和功能,不仅善于飞翔,而且还是空中的杂技"演员"呢!

蜂鸟是一个较大的家族,自成一个科,就叫蜂鸟科。到目前为止,经鸟类分类学家鉴定的共有343种,全部分布在南美洲和北美洲沿太平洋海岸一带。尽管非洲有许多与南美洲环境相似的地方,却连一只蜂鸟也没有。特立尼达和多巴哥共和国将蜂鸟作为国鸟。

蜂鸟科的成员都是小个子,大的像燕子,小的比黄蜂还要小,世界上最小的鸟就出自这个科。有人对蜂鸟的大小作过具体测量,发现蜂鸟科中有3种蜂鸟最小。一种是产于古巴的蜂鸟(*Mellisuga helenae*),其成年雄鸟平均翅展为2.84厘米,体重仅2克,还不如一只大飞蛾。雌鸟比雄鸟稍大一些,但体重也不超过2.8克。这种鸟体长约5.8厘米,而喙和尾却占去了4.06厘米,身子只有1.74厘米。它筑的巢,比缝纫机上绕线的嵌环稍大一些,产下的两个白色蛋似豌豆般大小。另一种是产于厄瓜多尔的蜂鸟(*Acestruta bombus*),大小与古巴的蜂鸟差不多,但略重一些。再一种是缨冠蜂鸟,体长不超过7厘米,体重还不到2克呢!最大的蜂鸟,体长也不超过22厘米,体重在20克之内。

蜂鸟的眼睛很大,通常雄鸟羽色极其鲜艳,发出五颜六色的光泽,有的还有一对随风飞舞的长尾巴,雌鸟羽色较暗淡,没有雄鸟美丽显眼。它们的嘴巴细长,有的像针那样笔直,有的向下或朝上弯曲。其舌头分叉,十分发达,像啄木鸟一样。采蜜时,蜂鸟将细长的嘴巴插入花朵的中央,舌头能伸出口外很远,适于采食花蜜和小昆虫,加上它体小如蜂,因而得名蜂鸟。在采蜜的同时,蜂鸟的头部羽毛上黏附着许多花粉,到另一朵花上采蜜时,就能把花粉传到雌蕊上,起了传粉的作用,为植物的繁衍带来

蜂鸟能够在空中悬浮。
图片作者:Mdf

很大的好处。

蜂鸟采食花蜜时的飞行动作,活像一架微型直升机,真是妙极了。它们的身体总是保持垂直,在吮吸花蜜时并不停落在花柱上,而是取直立的姿势悬浮在空中,而且还能向前后、上下不同方向自由飞行,从花朵里获得充分的食物,真不愧是杰出的空中杂技"演员"。一般鸟类只能向前飞行,唯有蜂鸟能够后退倒飞。这种特技飞行,其奥秘在什么地方呢?

据长期观察和研究蜂鸟行为的科学家说:蜂鸟翅膀的"前臂"部分很短,而最前面"手"的部分却高度发达且十分灵活;它的肩关节也非常灵活,使翅膀能最大限度地旋转。所以蜂鸟在空中以直立姿势悬浮着采蜜时,只要稍稍将尾巴向下弯曲一下,双翅换一个方向旋转,就可以从花朵前倒飞到后面。另外,蜂鸟可以较长时间垂直着身体取食花蜜和小昆虫,这是因为它的翅膀以前后振动代替了上下振动,而这种振动产生的恒定气流能托住蜂鸟的身体,所以不会下落。

一般来说,鸟的身体越小,飞行时扇动翅膀就越频繁。如鸽子每秒钟扇动 5~8 次,而蜂鸟却多达 50~70 次,甚至到 200 次。在双翅扇动的地方,人们只能见到灰白色的烟状光环,听到一种"嗡嗡"的振翅疾飞之声,根本看不见它的翅膀。更令人惊奇的是,别看这些小型鸟似蜂像蛾,它们还是自然界长距离飞行的能手呢。科学家应用无线电跟踪技术,发现蜂鸟不仅能够飞到海拔 4 000~5 000 米高的山上去采食花蜜,而且可以以每小时 80 千米的飞行速度在海面上飞行,每年两次连续飞行 800 多千米横越墨西哥湾。

小小的蜂鸟,有如此高难度而又频繁的飞行活动,人们实在很难理解它们的能量平衡。如果以体重和食物重量来计算,蜂鸟飞行时消耗能量的速度,相当于一个人每小时跑 150 千米。如果一个人能这样做,他需要每天吃掉 100 千克葡萄糖才能够维持肌肉的功能。幼蜂鸟在成长中从昆虫和花蜜中得到脂肪和蛋白质的混合物,它们长大后就主要依靠从花蜜中得到的葡萄糖生活了。花蜜食物的优点是葡萄糖马上进入血液参加能量代谢,但其不利之处则是这种能量消耗得很快。蜂鸟要保持能量平衡,按推算每天得进食 9 万次之多,因而它们几乎不停地从花中吮吸自己需要的糖分,同时还觅食小昆虫,从中获得脂肪和蛋白质以补充身体的需要。

活的滑翔机

鸟类的飞行有两种基本方式:一种是鼓翅,另一种是滑翔。前者是鸟类最普通的飞行方式，即用两只翅膀，靠飞翔肌的发动，作有节律的上升和下降，使鸟体上升和前进，这种飞行方式要花费较大的力气，消耗能量也较多。后者与前者相反，它的动能来源不是飞翔肌而是空气对流。鸟类在滑翔飞行时，两只翅膀完全展开，借气

信天翁是滑翔高手。
图片作者：JJ Harrison

流上升的力量来保持原有的高度或再向上升，前进是靠风力，这种飞行是不费什么力气的。

信天翁是一类大型漂泊性海鸟，全世界共有 13 种，我国有短尾信天翁和黑脚信天翁 2 种，前者因数量非常稀少，已列为国家一级保护动物。这类海鸟广泛分布在太平洋、大西洋和印度洋等海域。

信天翁都是大个子，体长都在 1 米左右，羽毛丰厚，全身几乎都是白色，仅双翅的初级飞羽和尾端为褐色或黑色。嘴巴呈肉红色，由几片角质组成，长度在 10 厘米以上，尖端稍向下弯曲呈钩状。两个鼻孔都呈管状，左右分开，位于嘴巴两侧。这类鸟的最显著特征，是狭长的双翅，呈弯刀状，而且特别长。据文献记载，一只成年信天翁的翅膀展开时，从一边翼尖到另一边翼尖（简称翼展）一般可达 3.17 米。

信天翁展开狭长的双翅，能够在辽阔的海洋上空乘风飘荡，连续滑翔几个小时而不需要鼓动一下翅膀，真是出色的活滑翔机！曾有人做过实验，将信天翁带到离原来巢窝 5 000 千米以外的地方，然后放它自由飞翔，结果它仅用 10 天就飞回原地，平均每天飞行 500 多千米。

每年 11 ~ 12 月是信天翁的繁殖季节，它们在海洋中的荒岛上群集营巢，巢是很简单

依偎在妈妈脚边的小信天翁。

的浅穴，一般筑在断崖绝壁间、礁岩洼处或沙砾地上，每窝仅产一枚白色蛋，孵蛋工作由雌雄鸟共同担任。大约70天后，小信天翁出世了，它要在巢窝里待上300天左右，喂养"孩子"常使"父母"筋疲力尽。因此，还没等到小信天翁羽毛丰满，做"父母"的只好忍痛割爱，将它丢弃了。小信天翁依靠身体内贮存的脂肪逐渐成长。一年以后，小信天翁的翅膀硬了，它勇敢地向大海飞去，悠闲自在地盘旋在高空。

空中旅行家——大雁

鸟类分为留鸟与候鸟两大类。前者终年栖居于出生地，不随季节变化而迁飞；后者随季节的不同，定时迁飞到不同地区。

候鸟的种类很多，其中人们最熟知的要数大雁，所以我国古代就有"雁足传书"的美谈。

从地质学研究和进化角度来看，科学家认为大雁可能原来居住在北方，后来在冰川时期，为了觅食避寒，度过严冬，被迫逐渐南迁。现在气候转暖，冰川虽然消失，但是它们在进化历史上形成的这种迁徙习性，却保存了下来。

每年秋末冬初，我们在广东的汕头地区沿海和珠江口一带，都可以看到一群群的大雁。它们一到这里便忙碌不停，一方面四处寻找食物，解除多日飞行的劳累和饥饿；另一方面雌雄鸟进行婚配，准备繁殖后代。等到第二年春天，气候转暖时，大雁又急急忙忙起程，由南方飞回北方故乡——西伯利亚一带去产蛋、孵蛋和育雏。大约经过28～35天的孵化，小雁破壳出世，到夏天它们便会飞行了，秋日来临，就准备跟随双亲飞往南方过冬去了。

大雁的旅行。
图片作者：Michael Hanselmann

大雁的长途旅行十分艰苦，不仅飞行速度很快，时速在69～90千米，而且要经过大约1～2个月空中长途飞行才能到达目的地。在长途旅行中，由有经验的老雁担任领航，幼雁第一次参加队伍迁飞，也是靠亲鸟来引导。雁群的队形组织得非常严密，它们常常排列成"人"字形或"一"字形,并且一边飞着,一边不断地发出"嘎嘎"的鸣叫声。

大雁极为聪明,它们的"嘎嘎"声是一种联络信号,用来互相照顾、呼唤、表示起飞和停歇等。如小雁不慎离开了雁群,它就在空中盘旋悲鸣,寻找同伴,而群雁闻后也会立即发声,通过这样的联系,失散的小雁就能安然地跟上队伍。在旅途中遇到食物丰富的地方,雁群就降落下来,稍加歇息,觅食充饥;如遇敌害,它们会立即飞返天空继续旅行。大雁的这些集体活动,都是通过鸣叫来联系才达到统一行动的。

大雁在长途旅行中,除了鼓动翅膀飞行以外,也常常利用空中上升的气流滑翔,因为这样可以节省体力,减少能量消耗。前面的大雁鼓动翅尖,产生了微弱的上升气流,后面的大雁就利用这股气流的冲力,在高空中滑翔。这样一只跟着一只,便排成了整齐有序的"人"字形和"一"字形的队伍了。另外,这两种队形也是集群本能的表现,有利于防御敌害。

大雁在长途飞行过程中也会遇到各种困难,甚至遭到不幸。比如,在大洋上空飞行时会碰上突如其来的暴风骤雨,可能会折断翅膀,刮落羽毛,坠海丧生;也可能被狂风吹到很远的地方,成了离群的孤雁,不仅挨饿,而且还容易被敌害吃掉。幼雁和一些体弱的雁,大都被插在队伍的中间,受到其他雁的照料,可是在这漫长的旅途中,或许有的实在飞不动了,此刻,其他雁也无能为力,只好忍痛割爱,继续前飞。

信鸽大显神通

鸽子是一类体型中等的鸟,身长约30厘米。它们翅膀较短,胸部肌肉发达,飞行能力很强,而且两脚短健,还善于在地面上快速行走。野生的鸽子常生活在山区的岩隙里,喜欢成群活动,以果实、种子和谷类等为食。其中原鸽是家鸽的祖先,分布于亚洲、非洲和欧洲,其中我国境内的产地在新疆西部及内蒙古等山区。

早在公元前3000年的时候,埃及人就养鸽食用,并且利用鸽子通讯传书和进行赛鸽玩赏。利用信鸽传书由来已久,后来希腊人和罗马人更加发展了驯鸽事业。在古代战场上,信鸽还是相当重要的"通信兵"呢!直到第二次世界大战,才由电子工具取代了鸽子传信的服务。

经过长期的人工育种和选择,已培育成200多个家鸽品种,各有不同的特点和用途,其中最引人注目的是赛鸽。因为家鸽不仅飞翔本领高,而且记忆力强、视觉敏锐,并有强烈的恋巢性,即使带到离巢上万千米以外,也能飞回,飞行速度达每小时70~80千米,最快的鸽子一天能够飞行1 000千米以上,所以人们

野生鸽子有的拥有漂亮的羽毛。
图片作者：Aviceda at en.wikipedia

挑选其中优秀者作为信鸽，并参加飞行比赛。新中国成立以后，我国信鸽协会曾经举办过多次赛鸽活动。

1935年，一只鸽子整整飞了8天，绕过半个地球，从西贡（今越南胡志明市）风尘仆仆地飞回了法国，全程达11 265千米，这可能是人们已知的鸽子飞行的最长距离。说到这里，人们不禁会问：鸽子在长途飞行中为什么不会迷路？它是靠什么导航的？

一些多年养鸽的人认为，鸽子的视力好、记忆力强，所以能够认得归家之路。其实这一说法是不对的。我们把鸽子装在一个严密遮挡，看不到外界的笼子里，运到一个陌生的地方放飞，结果它们照样能够轻而易举地找到回家的方向。如果把毛玻璃薄膜透镜装在鸽眼上，使它们不能看到几米以外的物体，然后将这些"近视眼"的鸽子运到100多千米外放飞，它们也能飞回来，并且准确地降落在鸽房附近。这两个实验证明，鸽子从远处飞回，并不是由于它们视力好和记忆力强，而是因为鸽子具有内在的十分精密的导航系统。

也有人认为，鸽子之所以能从千里之外飞回故里，是因为它们靠太阳指路。其实也不是，科学家给鸽子戴上了黑色的墨镜，使它们看不到太阳，也看不到地面上的物体，结果放飞的鸽子仍然按照正确的方向，飞回了鸽房。

那么，鸽子究竟靠什么认识路的呢？

大家知道，地球是一个硕大无朋的大磁体。早在100多年前，有些科学家就提出，鸽子在长途飞行中能识路回家，是利用地球磁场确定航行的方向，特别是在乌云蔽日或大雾笼罩的天气。后来人们做了实验，证明这一假说是有一定道理的。他们在鸽子的

经过训练的信鸽飞翔本领高、记忆力强、视觉敏锐。

空中王者——鸟类

地球是一个硕大的磁体。

颈部安上一个带磁性的金属圈，或者将一根小磁棒缚在鸽子的身上，使它们周围的磁场发生变化，并在阴天放飞，它们便向四面八方散飞，再也回不了老家，而缚无磁性铜棒的鸽子则能按回鸽房的方向飞行；如果在晴天放飞，缚磁棒和铜棒的鸽子没有什么区别，都能向鸽房方向飞行。因为在晴天，太阳耀斑和黑子引起地球磁场变化，抵消了鸽子身上磁棒的影响，所以鸽子仍能按原来地球磁场导航，飞回鸽房。

1978年，美国科学家在鸽子的头部发现了磁石，这是一小块含有丰富磁性物质的组织。他们认为，也许这就是天然的磁场检测器，能够测量地球磁场的变化，引导鸽子飞向鸽房。

鸽子不但视力敏锐、记忆力强和善于飞行，而且还意志坚强、服从指挥，经过训练的信鸽除了参加竞翔比赛以外，还有其他许多用处。

我国古代已利用信鸽传达军令，例如在南宋建炎年间，大将张浚视察部下曲端的军营，没有看到士兵，便向曲端要来花名册查点，共有5支部队，于是点了其中一支，要检阅一下。曲端当即打开随营鸽舍，放出一只鸽子去传达军令。不久，这支部队整装来到。张浚深感惊奇，又要他把其他部队召来。曲端又放出另外4只信鸽，果然，所有的部队都奉命来到。

第一次世界大战中，双方部队使用了近100万只信鸽。一支在法国作战的美国部队的部分士兵在阿哥尼前线掉队，同主力部队失去联系，于是放出一只名叫"亚米"的信鸽。当它飞越敌军封锁线上空时被发觉，不幸遭枪弹击中，在高空翻了个跟斗后又顽强地飞过封锁

人们从很早就训练鸽子送信。

英国皇家空军的一名士兵和信鸽在一起。

线，向大本营送去求援信息。大本营接到鸽传情报后，立即派飞机轰炸封锁线，使这支部队脱险。为奖励这只鸽子的功绩，部队向它颁发了后勤勋章。亚米死去后，还被制成标本，陈列在华盛顿的美国国家自然历史博物馆里，受到人们的缅怀和纪念。

在第二次世界大战中，英国第 56 皇家步兵旅曾请求空军支援，以便迅速突破防守严密的德军防线。谁知战斗打得很顺利，德军防线迅速被英军占领。然而，请求援助的情报早已发出，如果进行轰炸，会误伤英军，情况万分火急。此刻，他们马上放出一只名叫"格久"的信鸽，送去十万火急的信件，要求立即停止轰炸。这只信鸽在 20 分钟内，飞行了 30 多千米，使援军及时知道了这一新的情报，马上命令那些已登机的飞行员停航。后来，伦敦市长为表彰格久的功绩，特授予其一枚金质勋章。

1958 年，在我国边防某地的一次战斗中，一只军鸽胸部被竹箭射中受伤，羽毛被血染红，但它仍以惊人的毅力带箭飞翔，把军情带回指挥部，使骑兵部队及时赶到，歼灭了入境的全部匪徒。

为了寻找海上遇难的失踪者，美国救险专家首先训练视力敏锐的鸽子，使它们识别国际通用的橙黄色救生衣、黄色救生筏和闪耀的红色信号。然后将鸽子装在笼子里，再把笼子放在透明的树脂玻璃罩里，挂在搜索遇难者的直升机机身上。

鸽子的视野宽达 120 度，一旦发现远处有这些目标时，就用嘴去啄叩电键，使驾驶员面前的警灯开亮，人们就可以按照鸽子示意的方向去寻找救难目标了。

今天，尽管现代通信设备已经代替了昔日的信鸽传书，但是在必要时信鸽依然是个得力助手。例如印度东部的奥里萨邦，政府和警察局用信鸽将信送到现代通信系统达不到的地方。有时电报、电话因洪水等原因中断，人们只好借助信鸽传讯。

军舰鸟传奇

在鸟类王国里，军舰鸟是个小家族，全世界仅有 5 种，即白腹军舰鸟、大军舰鸟、白斑军舰鸟、丽色军舰鸟和小军舰鸟,它们被鸟类学家归为军舰鸟科。这类鸟集中分布在热带、亚热带海洋沿岸及岛屿。我国有白腹军舰鸟和小军舰鸟两种。

前者仅分布在西沙群岛一带,且

军舰鸟。
图片作者:David Adam Kess

十分稀少,已被列入世界濒危鸟类红皮书中,也是中国一级保护动物。后者数量较多,分布在广东与福建沿海及西沙群岛一带,北达江苏。

有人说军舰鸟是一种奇鸟,这一说法是有道理的,它们确实有奇趣的地方。

其一,军舰鸟虽是一类大型海洋性鸟类,却不能下水,连在陆地上行走也很困难。原来,军舰鸟没有其他海洋性鸟类那种使羽毛不吸水的尾脂腺,一旦落水,羽毛被水湿透后会负重下坠,很难再飞起来。

军舰鸟个儿大,一般体重3~4千克,可是脚短趾小,在地面上行走起来好像小脚女人走路,摇摇晃晃,十分艰难。倘若栖伏在它经常歇息的平坦的沙滩、洲渚或低凹的礁石上面,突然被敌害发现,军舰鸟就毫无防卫能力,尽管它发出威胁,企图反击,但也徒然。

其二,军舰鸟不畏狂风暴雨,不愧为海鸟中最优秀的飞行能手之一。据科学家应用无线电技术跟踪测定,军舰鸟能飞达1 200米的高处,不停留地飞抵离巢1 600千米的远处,最远的可达4 000千米。有人看到,军舰鸟在12级的台风中,能够安全地从空中降落。

据鸟类学家观察与研究,军舰鸟这种高明的飞行本领与其身体结构、飞行方式有密切关系。一只体重3~4千克重的军舰鸟,它的翅膀展开足有2.5米宽,是强有力的飞行工具;全副骨骼的重量只有113克左右,比全身的羽毛还轻,不过骨骼虽轻但结构却很坚固,加上强壮发达的胸肌,适宜作远距离飞行。军舰鸟可以利用自己狭长的翅膀,靠海上强劲的风力,顺风向下滑翔,随风力增加飞速。当接近海面时,它又能乘势迎风而起,向上冲击。这样上上下下回旋飞翔,可以连续几个小时,甚至数天,都不需拍动翅膀,真算得上地球上出色的"天然滑翔机"。

军舰鸟擅长拦路抢劫。

其三,军舰鸟擅长拦路抢劫,因而又有"强盗鸟"之称。通常,军舰鸟自己不去捕捉食物,而凭着飞行技能、矫健凶猛去拦路抢劫鲣鸟的劳动果实。当鲣鸟在海里捕鱼饱餐而归时,军舰鸟就趁机打劫,进行空袭,有时一只鸟单干,有时雌雄双双共谋。鲣鸟逃到哪里,它们就追到哪里,直追得鲣鸟气得反胃,"哇"的一下把嘴里衔的和吃进肚内的鱼统统吐出来,军舰鸟就像杂技演员进行空中表演一样,巧妙地接而食之。有的鲣鸟,除非迫不得已,是绝对不会交出食物的,于是,军舰鸟就对它们采取两种强制方法:一是用嘴巴啄鲣鸟的脖子,逼它把食物吐出来;二是在陆地上用强大的翅膀和坚硬的尾巴夹住鲣鸟,迫使它交出捕获的鱼。有时,军舰鸟抢来的食物太多了,它就暂时贮存在喉囊里。

尽管军舰鸟"以空代陆",是狂热的翱翔者,但是夜间一般栖宿在岸边或海岛的林地。有趣的是,鲣鸟往往会与军舰鸟共栖一树,这种与强盗为邻的险景,确实是大自然里的一奇呢!有时候,成群结队的鲣鸟从海湾鱼贯而来,常常刹那间便降落到自己的巢里,以此逃避军舰鸟的追逐,这也是鲣鸟长期适应环境的一种结果。

万一在鲣鸟那里抢不到食物,军舰鸟甚至敢袭击人。一个旅行者说:"航行到托尔火山岛的时候,我们遭到了军舰鸟的袭击。有一只军舰鸟竟想从我手里夺走一条鱼。它的伙伴纷纷飞集在煮肉的大锅上方争抢锅里的肉,对围在锅旁的那些水手毫不在乎,胆子大极了。"在这个岛上,这个旅行者还见到不少老、弱、病、残的军舰鸟,它们歇息在礁石上,这礁石好像是它们养息的场所,它们从鲣鸟幼雏的食物中掠走一部分,以供

雄性军舰鸟。
图片作者:Aquaimages at en.wikipedia

享用，鲣鸟仿佛是它们的专司膳馐的臣仆。

军舰鸟有时也自己捕食。在风大浪高的日子里，它们在空中转动头部，从一侧到另一侧窥伺海中食物。一旦发现海面有鲱、鳕等鱼类，或者漂浮的水母，它们就立即将双翅折叠在背部，剪刀形的尾巴合拢，两条腿伸展作为平衡身体之用，像箭一样从高空快速降临水面，穿过浪谷，用钩状的长嘴巴，一刹那就抓获食物，然后立即向上飞起。

其四，军舰鸟在繁殖季节里，雄性有特殊的求偶标志——红色气球。通常雄鸟的羽色都比雌鸟漂亮，军舰鸟也不例外。

平时，雄性军舰鸟全身羽毛黑色，闪着绿紫色的金属光泽，气派十足，而雌鸟的羽色就显得平淡了。一到繁殖求偶时，雄鸟平时不显眼的皱缩喉囊会一下子膨胀得很大，而且颜色变得鲜红醒目，活像一个巨大的红色气球。这样一来，更是锦上添花，格外受到雌鸟的青睐，于是双双成亲交配。军舰鸟在岛屿或岸边的树林或岩石间营巢，产蛋1～2枚，经雌雄鸟轮流孵化42天左右后，幼鸟破壳出世，由亲鸟哺育到会飞时，就随同双亲在空中进行强盗式取食。刚成长不久的雄鸟，可以驯养作为海岛与海岛间传递书信和消息的通讯鸟。

飞禽之王

在为数众多的飞禽中，哪一些种类最大呢？据美国鸟类学家长期观察和测量，认为美洲的两种兀鹫不仅是猛禽中的"巨人"，而且还是世界上最大的飞禽之一。

一种产于南美洲偏僻的安第斯山区，鸟类学家给它起名为康多兀鹫，也有人叫它安第斯山鹰、安第斯兀鹫、南美神鹰等。这种巨鸟体长可超过1.2米，两翅展开有3米多宽，重约11千克。据记录的一只超大者，两翅展开达5米宽！

安第斯兀鹫外貌不凡，头顶上长着一个大肉冠，好像戴着一顶礼帽，红色的虹膜，裸露无羽的头和颈，粉红色的颈下部配有白色的翎饰，仿佛大衣的领子，显出一副绅士般优雅的外貌，气派十足。它的嘴巴大而有力，脚虽大却缺乏抓握的能力，而且爪子短钝。雷鸟的羽色能随季节变化而变化，而安第斯兀鹫的羽色则随年龄而异，幼年时呈灰色，青年时为咖啡色，随后翅膀前面部分变为白色，8龄以后羽毛丰满时，呈独特的黑色。

安第斯兀鹫，堪称安第斯山上空的天骄，它威武雄伟，气宇轩昂，在南美洲的智利被誉为国鸟，作为国徽、军徽的主要标志。它不仅是世界飞禽中体型最大的种类，而且与它的近亲——喜马拉雅兀鹫一样，也是飞得最高的鸟类。人们

安第斯兀鹫头顶大肉冠。
图片作者：Greg Hume

发现它们在海拔7 500米的高山上空自由翱翔，平均飞行高度达5 000～6 000米，最高时可在8 500米以上。

安第斯兀鹫营巢在南美洲最高山区的岩石突出部，除栖息在安第斯山脉的一些2 000～4 000米的高峰外，还经常出没于秘鲁的海岸。它们在海面上空盘旋巡察，一旦发现海里死去的鱼、鲸和海象等，就下降啄食，也吃近海岛屿上的鸟蛋。一只翱翔于高空的安第斯兀鹫，双眼可以监视周围15千米内同类的动向。如果发觉同类盘旋的范围缩小，就表明它已经发现了食物——动物的尸体，于是马上向那里飞去。这一"信息"传得很快，一下子数十只兀鹫聚拢起来，共同享受难得的"盛宴"。这种鸟颇讲"文明"，几乎都是"有食共享"，不会发生什么争吵。一顿饱餐以后，它们可以连续两个星期不吃东西。有人说，有时候安第斯兀鹫也会袭击活的动物，甚至包括牛犊大小的哺乳动物。据美国鸟类学家观察，认为这一说法是不确实的。尽管兀鹫的个子巨大，但它的脚爪是不能抓握食物的，不会自己杀死动物而食，是一种典型的以动物尸体为食的鸟类。

安第斯兀鹫的长相虽然雄伟，可是它的交配行为却像火鸡一样，很没有气派，仅是雄鸟围着雌鸟转，发出一种

翱翔在山谷间的安第斯兀鹫。
图片作者：Hugo Pedel

奇怪的似敲打木棍般的声音，雌鸟则显出温驯的模样。它的自然繁殖力很低，每两年才下1枚大蛋，雏鸟孵出要1周岁以后才能飞行，所以亲鸟仍要继续喂养它达数月之久。

到了20世纪70年代时，安第斯兀鹫数量明显下降，成了鸟类王国的濒危种类。当时，为了提高母鸟的产蛋量，美国布朗克斯动物园的鸟类学家，对饲养的母鸟采用了一种"哄骗生蛋"法。

当一只母鸟产下一枚蛋时，便立即悄悄地取走它的蛋，母鸟发现蛋被盗走，又补生了一枚。取走的蛋放入孵卵箱孵化，只要孵化得好，就能增加一只兀鹫的幼雏。按此方法，鸟类学家在两年时间内，已从一对安第斯兀鹫那里得到了5只雏鸟，是原来的5倍。

用木偶兀鹫为小兀鹫喂食。

虽然通过"哄骗生蛋"法增加了安第斯兀鹫的雏鸟，但在喂饲幼雏时又遇到了困难。因为它们母幼眷恋性极强，雏鸟不见到亲鸟决不吃东西，所以不能发育成长。于是，科学家们又设计了一种木偶兀鹫，人工操纵起来就像活的一样，小兀鹫很乐意从木偶兀鹫的嘴里获得食物。

1980年9月，布朗克斯动物园把经过上述方法处理的安第斯兀鹫，与华盛顿真正亲鸟喂养的安第斯兀鹫，一起放到拉丁美洲的秘鲁田野里，然后进行观察和无线电跟踪，发现这些回归大自然的兀鹫都生活得很正常，它们已经与野生的兀鹫和睦共处了。

就目前所知，世界上寿命最长的鸟类应该是安第斯兀鹫，一般寿命长约50年，而伦敦动物园曾饲养过一只安第斯兀鹫，在饲养人员的精心养育下，它足足活了73岁，创世界鸟类最长寿纪录。

另一种兀鹫产于北美洲，叫做北美兀鹫，是安第斯兀鹫的近亲。因为它生活在加利福尼亚州的内华达山区，所以鸟类学家命名它为加州兀鹫，也有人称做加州神鹰。它的个子虽然没有安第斯兀鹫那样巨大，但是在飞禽中也算得上"巨人"

加州兀鹫。

了。有人作过测量,一只成年的加州兀鹫,两翅展开足有3米宽,体重可以超过9千克。这种巨鸟,外貌颇似安第斯兀鹫,在地面上是笨拙的动物,走起路来摇摇晃晃,一旦展翅高飞,则立即呈现出一副优美而潇洒的姿态,且飞行轻快自如,飞行速度达每小时160千米,比汽车的常速还要快得多。

加州兀鹫和安第斯兀鹫一样,以动物尸体为食。历史上曾有不少人认为它们不讲卫生,专吃腐肉,是"肮脏鸟",理应消灭。而今天的许多生物学家、生态学家和自然资源保护者却认为,兀鹫对人类有两大贡献:一是清除动物尸体,为人类堵塞传染病源,有利于卫生;二是在生态系统中,它们把动物尸体食后转化成有机肥料,促进植物的生长,为食草动物供给丰富的食料,也间接养肥了以食草动物为食的食肉动物,最后达到生态平衡。所以从科学上来说,兀鹫是有益动物。

原来,加州兀鹫的数量很多,分布也十分广泛。它们沿着太平洋海岸,在美国、哥伦比亚、加拿大、墨西哥等地漫游。可是今天,这种巨鸟濒临灭绝。据美国科学出版社出版的《动物的生存斗争》一书报道,加利福尼亚中部山区只幸存了30~40只加州兀鹫,

兀鹫母子。
图片作者:Joseph Brandt

难怪许多生物学家和自然资源保护者们齐声悲叹。虽然美国政府已对这种极为珍稀的鸟类实行了保护，但恐怕为时已晚。

据鸟类学家们分析，加州兀鹫之所以濒临灭绝，成了地球上最少的鸟类之一，是多年来人们直接和间接、偶尔和故意杀害的结果。

印第安人最早为了宗教仪式上的需要，杀死了大量加州兀鹫。到了18世纪淘金热的时期，矿工们杀死了许多加州兀鹫，目的在于用它们身上大羽毛的羽毛管去携带金粉。在18世纪末期至19世纪初期，美国和欧洲大量收购加州兀鹫的蛋，作为奖品之用。后来，当地牧场主和牧人们毒杀和射杀威胁他们羊群的食肉猛兽，并把它们埋起来作为农业肥料，因而使加州兀鹫缺乏食物而饿死。到了20世纪60年代，人们大量使用化学农药灭虫，农药会使加州兀鹫的蛋壳变薄，母鸟在巢里孵蛋时容易把蛋弄碎，便无法孵化出雏鸟来。此外，加州兀鹫本身的繁殖力很低，一只雌鸟每两年才生下1枚蛋，还不能保证一定能孵化出幼雏，即使小兀鹫问世了，也无法保证一定会长大成年。

寓意深长的国鸟

"国鸟"起源于美国

选"国鸟"是美国的一个创举。由于人们过量使用化学农药,加上乱捕滥猎,到了1782年,美国的白头海雕处于濒临灭绝的境地。这种海雕威武雄壮,又是美洲的特有种,象征着国家的坚强和民族的勇敢。为了保护它,美国国会于1782年6月20日决定将白头海雕定为美国的国鸟。从此,白头海雕成了美国的标志和象征,无论是美国的国徽上,还是美国军队的制服上,都描绘着一只白头海雕,它一只脚抓着橄榄枝,另一只脚抓着箭,以象征国会决定和平和战争的权力。此外,许多工农业产品也常用白头海雕作为商标。

白头海雕又名美洲雕、秃头雕,也有人叫它秃鹰、白头鹰或美国鹰。海雕是鹰科鸟类中的一个家族,全世界共有8种,其中白头海雕仅产于美洲,分布于北美洲大陆的南部到佛罗里达南部,以及墨西哥下加利福尼亚沿岸,还有白令岛、阿留申群岛以及不列颠哥伦比亚海岸附近的岛屿。

白头海雕,不仅是一种大型海雕,而且在整个猛禽中也算是大个子了。它体长可达1.2米,双翅展开有2米多宽。它不像食动物腐尸的鹫类那样,头颈部裸露,而是由于它头颈和尾部披着雪白的羽毛,与周身黑茶色的羽毛形成鲜明的对照,好像没有长羽毛似的,而造成了"秃头"的假象。由于这种鸟的视力出众,能够正视太阳,飞翔能力极强,因而有"鸟王"

白头海雕的形象出现在美国国徽上。
图片作者:Yathin S Krishnappa

之称。它的嘴巴和爪子都弯曲成钩状，是抓撕猎物的有力武器。

白头海雕在分布区内，栖息于河流、湖泊和海洋的沿岸，总是离不开水。这种鸟喜欢雌雄成对活动，性情凶猛而残忍，经常协力追逐和捕捉受伤的或瘦弱的水鸟，也能够把浮在水面的鱼抓到岸上取食。有人还目击，白头海雕常常追击捕鱼能手——鱼鹰（一种中型猛禽），迫使它交出爪中的鱼，然后在空中将鱼接住，占为己有，这种行径颇似海盗。在阿拉斯加沿海，白头海雕除了捕食大量海鸟外，偶尔还会袭击正在飞行的天鹅。但据美国鸟类学家调查，此鸟的主要食物还是鱼，而且是死的或快要死的鱼。

白头海雕是一种迁徙性鸟类，夏天在北方营巢繁殖，往往成群地集中在食物丰富的地区，比如在阿拉斯加某海岸河流的一条 16 千米长的支流上，曾有人见到 3 000～4 000 只白头海雕的大群。到了秋天，它们就沿着山脊向南迁飞，飞行时发出像鸥类那样的鸣叫，到墨西哥下加利福尼亚沿岸越冬。

尽管美国政府在保护国鸟白头海雕上花了很大力气，但是其数量仍然在日益锐减。1982 年，美国总统里根不得不采取措施，宣布 6 月 20 日为"白头海雕日"，同时，国会又通过了《白头海雕、金雕保护法》。因为白头海雕在未成年时，头、尾未变为白色，极易和金雕相混淆，几乎无法区别，所以保护金雕对于保护白头海雕是极为重要的。在美国的广告、报刊、邮票和各种标记上，经常看到白头海雕的图案，提醒人们要爱鸟、护鸟。不久前，美国加利福尼亚科学院组织一批生物学家考察队，对 50 个州濒危生物进行普查，发现非法射死白头海雕的事情仍屡见不鲜，以致这个国家南部的 48 个州至今大约只存有 4 000 繁殖对，因而不得不将这种国鸟列为美国最濒危的动物之一，以引起国人的高度重视。

德国的"白鹳村"

白鹳是一种大型涉禽，体长约 1.7 米，全身大都白色，而两翅尖端黑色，有金属光泽。嘴和脚都很长，前者黑色，后者红色。这样，白、黑、红三色交相辉映，使白鹳显得十分文雅和清秀。它的外貌与鹤类相似，过去有人常把它当成丹顶鹤，其实只要我们观察一下就会发现，白鹳翅尖黑色，伫立时颈脖往往缩成"S"形，以此就能与丹顶鹤相区别了。

白鹳的性情宁静而机警，常漫游在周围有树的池塘、沼泽的浅水里觅食，或者呆立在水边等待食物"自投罗网"。它善于飞翔，飞行时，颈和脚成一直线，显得强健而舒展，且不时作翱翔。主要吃鱼，也食昆虫、蛙和鼠等。它的啄食速

白鹳伫立时颈脖常常缩成"S"形。
图片作者：Andreas Trepte

度与食物的大小有关。吃小鱼速度很快，在5分钟内可以啄食2～3条，甚至更多。如果吃大鱼，速度就比较慢。有人目击，一只白鹳，花了大约5分钟时间吞食一条约500克重的黑鱼。这是因为黑鱼正在作垂死挣扎，白鹳只好啄起又放下，啄啄停停，直到鱼被啄死，才从鱼头开始慢慢吞下。白鹳在吃食时，如果遇到惊吓，常将食物吐出，待感觉安全后，又会慢慢地把吐出的食物再吞吃下去。

白鹳分布于欧亚大陆北部，虽然不是德国的特产动物，但是德国人民十分喜欢这种鸟，因为它体态优雅、羽色清丽、性情温和，又容易驯养，所以德国政府根据民众的要求，把白鹳作为国鸟。在德国，人们对国鸟——白鹳十分宠爱和友好，听任它们飞到村民屋顶上筑巢，认为这是吉祥的象征。为了吸引白鹳，许多人家把旧马车或汽车的轮箍、破箩筐等安置在屋顶上，以招引白鹳。这样，慢慢地就形成了闻名遐迩的德国"白鹳村"。此外，白鹳的巢地不断扩大，在瓦屋顶上、电线杆上，甚至几十米高的水泥烟囱上建起了安乐窝。有时巢的下面就是人声喧嚷的集市或车水马龙的街道，可是白鹳依旧悠然地生活在那里，没有人去伤害它们。

今天，由于白鹳栖息地条件的变化，自然种群数量已十分稀少。在欧洲许多国家，此鸟已经灭绝。我国已把这种珍禽列为一级保护动物，《国际濒危物种公约》将它列为一级保护对象。

分布于我国的白鹳，在新疆、东北等地繁殖，到南方各省越冬。每年3月左右在北方开始繁殖，通常回到原来的繁殖地，并找到原先在树上或峭壁顶上筑的旧巢产蛋，每窝产蛋3～5个，雌雄鸟轮流孵蛋，孵化期约30天。幼鸟是留巢晚成鸟，由亲鸟哺育约55天后，幼鸟才能自己觅食。在哺幼期间，当一只亲鸟捕食回巢时，留守巢内的亲鸟会将嘴用力启闭发出声响，把脖子弯向背后作弓状，表示欢迎，归巢的亲鸟也同样发出声响，并且共同竖起尾巴，双双起舞，以示恩爱。

丹麦人心目中的云雀

云雀算不上什么珍稀鸟类，外貌也一点不漂亮，生着一张圆锥形的小嘴巴，披着沙褐色的羽毛。它们喜欢结成小群，在田野里奔驰，一会儿钻入草丛，隐没不见；一会儿又钻出来，重新在田野上快速前进。这种鸟很适应在草地上活动，它的体色与草丛颜色相似，具保护作用；另外，它的后趾发达，

貌不惊人的云雀。
图片作者：Daniel Pettersson

上面的爪子长而直，有助于在地面上行走时保持身体平衡。

这种不显眼的小型鸟，却受到丹麦人民的宠爱，而且丹麦政府还将它作为国鸟，这是为什么？

原因有两个：一是它鸣声柔美嘹亮，有"草原上的歌手"之称；二是它在飞行时能垂直起落，且可高飞入云。平时，此鸟栖息于近水的草地，吃植物种子和一些小昆虫。起飞的时候，它能从地面草丛中笔直向上、冲天而起，越飞越高，飞到一定高度后，又像直升机那样停在半空，然后迅速上升，钻入高高的云层。此刻，它放声歌唱，清脆、甜美、嘹亮、多变的歌声，从云间飘出，使人感到耳目一新，像听仙乐一样。所以，人们美称它"告天鸟"、"告天子"、"天鹨"。降落时，也似上升的飞行姿势，两翅常往上展开着，随后突然收折，迅速直落于地面草丛。

澳大利亚选琴鸟为国鸟

有人说，琴鸟是澳大利亚的特产珍贵动物，因而该国将它定为国鸟，其实并非完全如此。澳大利亚悉尼大学博物馆馆长、动物学家斯坦伯里博士说："我国选琴鸟为国鸟，主要是因为它外貌美丽，又能歌善舞，象征着国家的勃勃生机和绚丽多彩，深受人民喜爱，当然特产也是个因素，不过是次要的，因为我国有许

琴鸟的尾羽像西洋古琴一般。

多特有的鸟类。"

雌琴鸟的长相平常，而雄琴鸟远比雌琴鸟漂亮得多。雄琴鸟身上有16根尾羽，左右外侧各一根的顶端向外弯曲，中间一对的羽轴只有很窄的内羽瓣，并也朝外弯曲，其他12根的羽轴两侧分散着细丝状羽枝，好似琴弦一般。当16根尾羽竖起展开时，很像西洋古琴的形状，所以得名琴鸟。雄琴鸟全身羽毛褐色，它所以引人注目，除了琴状的尾羽以外，还在于外侧一对尾羽十分发达，不仅有70多厘米长、3.5厘米左右宽，而且羽毛底色是闪着银光的紫红色，并有金褐色的半月形横斑，顶端弯曲部黑色，十分漂亮。

平时，雄琴鸟拖着尾巴，多在地面上活动。见到雌琴鸟时，特别是在冬季繁殖期，它那美丽的琴状尾羽就高高竖起，有节奏地载歌载舞，舞姿娴娜，鸣声优雅，以此来吸引雌鸟，是出色的"音乐舞蹈家"。雄琴鸟口舌灵巧，不但能够模仿20多种鸟类的鸣声，而且还会仿效大自然中其他动物的叫声，甚至学人的声音。当你在森林中听到某些动物的声音时，很可能就是琴鸟的仿效之声呢。

琴鸟栖息于密林之中，翅膀短圆，脚健壮，不常飞行，多在地面活动，于落叶下觅食昆虫、蠕虫和软体动物等。

三种隼被多国誉为国鸟

隼科鸟是一类小型猛禽，全世界共有60种，我国有12种。古人把隼称为"祝鸠"、"疾飞之鸟"，是很符合这类猛禽的特征的。比利时、冰岛和津巴布韦三个国家，分别以隼科中红隼、矛隼和红脚茶隼作为国鸟，以象征他们国家的坚强和民族的勇敢。

红隼又叫红鹰、茶隼和红鹞子，分布于亚、欧、非三洲，体长30多厘米，体重200克左右，是世界上最美丽的隼类之一。它嘴巴蓝灰色，尖端黑色，基部黄色，眼睑黄色；脚和趾深黄色，爪子黑色；上体砖红色，杂有三角形黑色横斑；下体棕黄色，具黑褐色斑点；尾巴近端有宽阔的黑色斑纹。

红隼栖息在村边小树林或灌木丛以及农田旷野，还常见于山区裸石地带。它喜欢高飞，常出现在海拔3 000米以上的高空，有人在西藏见到此鸟飞达4 000米以上的高度。这种鸟在空中飞翔时，偶尔会停在空中俯视地面。猎食时则作低空飞行，不断地拍动双翅在空中盘旋，搜寻地面的猎物。冬天主要吃鼠类，兼食小型鸟类。夏天主要啄食昆虫，也吃小型爬行动物。

红隼在林区营巢于树上，或巢居树洞中，喜欢利用或强占鸦、鹊、鹰和松鼠的巢，在争巢时往往与原巢主发生激烈殴斗，结果总是红隼获胜。红隼也在岩缝间、崩塌的河岩上筑巢。每年春季产蛋，一窝4~6枚。这种鸟的鸣声尖锐而清脆，既似铃声，又像人吵嘴的声音。

矛隼是隼科鸟类中个头最大的成员，体长52~63厘米，体重约1 700克，翅长近40厘米。它主要是北半球环极苔原带的"居民"，生活在欧洲、亚洲、北美洲的北部和格陵兰、冰岛的北极荒原、林地和山区。矛隼有两种羽色型：一种叫黑型，体色大体为浅褐色；另一种叫白型，体色大体为白色，并杂有矛形斑纹。矛隼已分化为好几个亚种，作为冰岛国鸟的是其中一个亚种，因为它主要产于冰岛，所以叫做冰岛亚种。又因为这个亚种是白型体色，故俗称白隼。白隼体长50~60厘米，体重约1 500克，身披白色外衣，上面点缀着矛形斑纹，眼周、嘴基、跗蹠和脚趾都是黄色，一双黑褐色的大眼睛炯炯有神，还流露出凶猛的光辉，它也是世界上最美丽的隼类之一。

人称"空中霸王"的白隼，确实是个捕猎能手。它不仅能捕捉正在天空飞行的鸟儿，而且也能逮住大地上奔跑的动物，例如松鸡、寒鸦和岩鸽，都是它的主要捕食对象。在捕猎岩鸽时，雌雄白隼相互配合，雌隼飞进洞内将岩鸽驱赶出洞，雄隼守在洞外伺机猎杀。这样协同作战，捕猎可

红隼是世界上最美丽的隼类之一。
图片作者：sannse

白隼是自然界的捕猎能手。

以十拿九稳。昔日,在北欧国家,人们训练这种猛禽成为猎鹰,作为献给国王的贡品。

红脚茶隼是津巴布韦独立后选定的国鸟,并用作货币的图案。这种鸟的体型介于燕子和鸽子之间,红脚,灰黑色的羽毛,也是一种珍稀的鸟。它是往来于南亚和南非之间的候鸟,每年都要到津巴布韦一游,作为旅鸟,被称为津巴布韦鸟。

火烈鸟之乡——巴哈马

火烈鸟又叫焰鹳、红鹳、火鹳,是一类世界著名的大型水禽,东半球和西半球都产,有好多种。它们体长在1~2米,身上大部分羽色从粉红至深红,仅飞羽呈黑色,它们的几个名称也由此而起。这类鸟,外貌高雅而端庄,性格稳重而古怪。细长的脖子上,长着个小头颅,嘴短而厚,稍向下弯曲,为鲜明的红色或黄色,端部漆黑。黄色的小眼睛,炯炯有神。双足很长,也呈鲜明的红色或黄色,趾间有蹼。

火烈鸟能涉水、游泳。常在浅水地区啄食水中藻类,也吃小型软体动物和甲壳动物。这类鸟的嘴形特殊,基部很高,中部急剧向下弯曲,上嘴较小,下嘴较高,嘴缘有"隧道",捕食时把嘴伸入水中,侧转头部使嘴翻转,上嘴在下而下嘴在上,头部有节奏地运动,使泥水从嘴缘流出,滤食小动物或植物。

这类鸟喜欢结成大群,栖息在咸水湖或潟湖等处。通常栖居

火烈鸟喜欢涉水而居。
图片作者:Syllabub

于温暖地带，有时也生活在海拔较高的地方。由于火烈鸟种类多、分布广，所以在非洲、欧洲、美洲都有不少火烈鸟群栖之乡。美洲火烈鸟的体型和羽色，比非洲、欧洲火烈鸟更大、更鲜艳。墨西哥的尤卡坦半岛约有火烈鸟4 500只，而巴哈马联邦更是火烈鸟群栖之乡，仅安德罗斯岛和伊纳瓜群岛，就有2万多只。美丽的火烈鸟成了巴哈马的象征，那里的人们尊它为国鸟。

小火烈鸟的毛色是灰色的。
图片作者：Steve from washington, dc, usa

火烈鸟是水禽，世世代代都和水打交道。它们在温暖地区的湖畔、沼泽地带营巢。有人在非洲东部盐湖附近，见到集群营巢的火烈鸟达300万只之多，集群飞行的时候，遮满了天空。它们常把自己的巢窝排列得整整齐齐，七八个鸟巢并排矗立，组成了一个"小村庄"。巢与巢之间相隔60厘米左右，中间挖了许多小沟，以便与水面沟通起来，平时不费什么力气，就可以跑到水里去，或站在浅水中自由观望，或潜入水中游泳一番。

每年10～11月，是火烈鸟产蛋、孵蛋旺季，数不清的火烈鸟像一片片红云飘落在湖滩上。每只雌鸟仅产一枚蛋，由雌雄鸟轮流孵蛋。大约30天后，一身灰色绒毛的小火烈鸟破壳而出。它在巢中待上四五天，待腿有了劲儿、体色转为浅黑时，才一摇一摆地迈出自己的"摇篮"，在双亲的脚下散步。不过幼鸟是留巢晚成鸟，由亲鸟哺育65～70天后，才能加入独立觅食的群体。

火烈鸟身上的红色羽毛，究竟是祖辈遗传的还是后天获得的？这一问题，曾经迷惑了鸟类学家很长时间。现在科学家已经研究表明，它们的红色羽毛不是生下就有的，而是因为它们常以一种绿色的小水藻为食，而这种小水藻经过消化系统的作用，会产生一种使羽毛变红的物质。

毛里求斯纪念渡渡鸟

人们或许感到奇怪，其他国家都把本国现存的特产珍禽或人民喜爱的鸟类

毛里求斯的国鸟渡渡鸟已经灭绝。

作为国鸟,唯独毛里求斯却选已经灭绝400多年的渡渡鸟作为国鸟。其实,毛里求斯选定渡渡鸟作为国鸟,并非别出心裁,而是为了教育人民。

毛里求斯,位于印度洋马达加斯加岛东面大约880千米处,是5000万年前火山喷发后形成的一个岛屿,面积为1 865平方千米,与夏威夷、加拉帕戈斯群岛一样,四面环水,与所有大陆隔离。鸟类曾经是毛里求斯岛上的主要"居民",但在最近400年中,大约有数十种,甚至上百种的鸟类灭绝,其中包括特有名禽渡渡鸟。

400多年前,毛里求斯的渡渡鸟数量很多。这种鸟的身体臃肿,翅膀退化,只会行走,不能飞翔,外形似鸽子,很可能是由从大陆飞来或被狂风刮来的鸽子进化而来的。后来,由于葡萄牙人捕杀渡渡鸟作为食物,荷兰水手把毛里求斯作为航海的补给点,加上水手们带来的鼠、猪、狗和猴等吃掉了渡渡鸟的蛋和雏鸟,可能还有其他不明的原因,终于使渡渡鸟在16世纪80年代消失,成了毛里求斯最早灭绝的鸟。

1968年,毛里求斯独立时,为了纪念这种曾同毛里求斯人祖辈朝夕相处的渡渡鸟,政府定它为国鸟。渡渡鸟作为国鸟,主要不在于它是本国的特产和奇异美丽的长相,而是告诫毛里求斯人民记住两点:一是要警惕掠夺者;二是要爱护本土鸟类。

印度选中蓝孔雀

现今世界上仅有两种孔雀:一种叫蓝孔雀,又名印度孔雀,分布在印度和斯里兰卡;另一种叫绿孔雀,又名爪哇孔雀,产于东南亚和我国云南省南部。这两种孔雀的明显区别是:前者的冠羽像一把展开的折扇,个子稍大;后者的冠羽似一把突起的镰刀,个子稍小。至于人们偶尔见到的白孔雀,并不是一个新种,而是由前面两种孔雀的羽色变异而形成的,所以数量极为稀少。

印度选蓝孔雀作为国鸟,主要是因为它在鸟类王国中是展羽最华丽的种类之一,当然印度为主要产蓝孔雀国也是一个因素,因而蓝孔雀又有"印度孔雀"之称。由于蓝孔雀的艳丽羽色和形态,目前有许多国家已进行引种饲养,将它作为美丽的观赏鸟类。

每当春暖花开的时候,雄性蓝孔雀常常挺起胸脯,展开色彩绚丽的尾屏,在雌性蓝孔雀面前翩翩起舞,那上面金灿灿的圆斑和宝蓝色的羽辉,在和煦的阳光下反射出瑰丽的金属光泽,好像无数只眼睛在闪亮,显得异常绚丽华贵。人们看到这种孔雀开屏的情景,都会情不自禁地为它鼓掌喝彩,并纷纷摄影留念。

有趣的是,雄性蓝孔雀从不涂脂抹粉,只在羽毛表面长了一层薄薄的角质。据科学家研究,这种角质有特殊的功能:可以把日光反射或折射成灿烂夺目的多种色彩。人们从孔雀身上看到的,正是光线通过角质分解出来的颜色,而不是羽毛的本色。这种颜色会随光照角度的变化而改变,因而很不稳定。

近年来,鸟类学家发现,孔雀开屏不仅是为了吸引异性,还有避开敌害的作用。孔雀的"集体婚礼"是在空旷地带举行的。倘若敌害闯来,它们是很容易被发现的。在这里,雄性孔雀是用鲜艳的色彩警告对方:我已经发现了你,并作好了充分的准备。孔雀尾羽上无数圆斑,对敌害也有迷惑作用。在敌人疑惑迷茫和举棋不定的时候,孔雀就乘机溜之大吉了。

荷兰人特别爱琵鹭

荷兰有一种涉禽,两腿和脖子细长,形状很像鹭和鹳,但嘴巴长而扁,中间狭窄,前端宽阔,呈琵琶形,所以给它起名"琵鹭"。乍看去,它的嘴巴又像一只大汤匙。

这种鸟性喜成群结队,栖息在沼泽地、芦苇荡、咸水湖里,常涉水捕食鱼类、甲壳动物、蠕虫、昆

琵鹭的嘴巴像一只大汤匙。
图片作者:Cp9asngf

虫和其他水生动物。在水中觅食时，先将嘴巴伸入，头部左右摆动，然后看准目标，以突然袭击的方式捕捉。有时候，几只琵鹭会协同作战，排成一条直线集体捕鱼。有的渔民将它们像鸬鹚一样喂养，助人捕鱼，因此琵鹭又有"鸟类渔夫"的誉称。

琵鹭在飞行时，颈部伸直，速度极快，群飞时常常喜欢成一条直线，颇像人的单列纵队行军。这种鸟在荷兰、西班牙等地"生儿育女"。雌性琵鹭生下两三枚有棕色斑点的白蛋，雌雄琵鹭轮流孵蛋，孵出的幼鸟也由它们共同照料。

这种珍禽已受到了荷兰的法律保护，由于荷兰人民特别喜爱它，所以它被定为荷兰的国鸟。

英国公民投票选国鸟

知更鸟的胸部是锈红色的。
图片作者：Francis Franklin

1960年，英国政府通过公民投票，选定知更鸟作国鸟。因为这种鸟具有两大优点：一是性情温顺，鸣声悦耳动听；二是以害虫为食，是益鸟，曾对英国农林业生产起过重要作用。所以它在英国人民心目中有崇高的声誉，被称为"上帝之鸟"，因而登上了国鸟宝座。

知更鸟是鸫类的成员，体长20多厘米，胸部呈美丽的锈红色，所以又名红胸鸲。它生活在树林间或田野疏林地区，觅食毛虫、甲虫、苍蝇、象鼻虫、白蚁、黄蜂，也吃蠕虫、蜗牛、蜘蛛等。一旦受惊，就立即飞上树枝。

知更鸟是一种迁徙性鸟类，到了冬天，它们就成群结队，浩浩荡荡地飞到南方去越冬。在迁移途中，它们边飞边鸣，叫声仿佛是一阵阵轻柔动听的进行曲，而且鸣声婉转，曲调多变。此鸟还是最早报晓的鸟儿，也是最后唱着"小夜曲"的鸟儿。春天来临，知更鸟就返回北方老家繁殖育雏，每天飞程约30～50千米，不时停下到田野觅食。据鸟类学家观察，知更鸟和人类一样，有浓厚的"家乡观念"，它们越接近老家,飞得越快,而且最早到达的是老知更鸟,接着飞到的是成年雄鸟,它们先占地盘,建造家园,等待着大队鸟儿的到来。

危地马拉的自由象征——彩咬鹃

在危地马拉,生活着一种本国特有、世界上罕见、异常美丽的鸟——彩咬鹃。它的个子只有鸽子那样大小,有着一身闪光的翠绿色羽毛,眼睛墨黑、嘴巴黄色、双腿灰色,头顶上还生着鸟冠,并有1米多长的华丽尾羽。

彩咬鹃喜欢栖息在树枝上,不太飞行。一旦飞翔,姿态格外可爱。尤其是在阳光的照射下,羽色异彩缤纷,变幻莫测,时绿时黄,忽蓝忽红,深受危地马拉人民的宠爱。这种鸟常常呈波浪形起伏飞翔,且边飞边鸣,鸣声悦耳动听。

彩咬鹃又名"格查尔",它是古代玛雅人的崇拜对象。危地马拉人民把彩咬鹃作为自由的象征,又把它称做为"自由鸟",1872年定为危地马拉的国鸟,并绘在国旗、国徽上。1924年,危地马拉人民又把"格查尔"定为货币的名称,将格查尔的图案印在货币上,同时将"格查尔勋章"作为国家最高荣誉勋章。青年男女间说声"格查尔",意思就是亲爱的,是坚贞爱情的象征。危地马拉的国家法令严禁捕捉和杀害彩咬鹃。

新西兰的象征——无翼鸟

新西兰山区的茂密森林和灌木丛中,生活着一种非常有趣的鸟。它的双翅退化成棘状羽,仅剩下一点翅骨的痕迹,只会走不会飞,所以叫它无翼鸟。

无翼鸟的长相十分奇特,外貌像鸵鸟而大小似家鸡,除了没有翅膀和尾羽,胸部龙骨突起稍尖外,嘴巴尖而细长,形似鹬嘴,所以又名鹬鸵。它的外鼻孔长在嘴巴的尖端处开口,这是鸟类中独一无二的现象。它眼睛小,视力欠佳;耳孔大,听觉较好;嗅觉极为灵敏,夜间出来觅食时,能用长嘴巴觉察出藏在泥土里的虫子。它喜欢用长嘴巴啄食昆虫、蚯蚓、蜥蜴、老鼠和螺蛤

新西兰的国鸟无翼鸟不会飞。

等，也吃一部分植物。活动时往往发出"几维、几维"的鸣叫声，因而此鸟也称"几维"或"几维鸟"。无翼鸟体长不过45厘米，重约2～3千克，生下的蛋有400克重，相当于自己体重的五分之一，12厘米长，真是小鸟下大蛋呢！

　　昔日，由于人们大量捕捉无翼鸟，致使这种新西兰特产珍禽濒于灭绝的境地。后来，新西兰政府下令保护它，并为它建筑"寓所"，把它定为国鸟，作为新西兰的象征，"无翼鸟"也成了新西兰人的别称。新西兰的钱币、邮票上，都印着无翼鸟的图案，甚至连许多商店的牌号，也用"无翼鸟"为名。

巴布亚新几内亚的标志——极乐鸟

　　巴布亚新几内亚1975年独立，它的国徽上有着三个标志：长矛、战鼓和极乐鸟。长矛是椰林里捕猎食物，同敌人搏斗的武器；战鼓是指挥冲锋和战斗的；而人们长期用长矛和战鼓所追求的，正是极乐鸟般的自由和幸福的生活。

　　巴布亚新几内亚位于伊里安岛东部和附近岛屿上，那里的高山密林中，奇花异草丛生，正是极乐鸟的天堂，因而又叫此鸟为天堂鸟。极乐鸟还有凤鸟、雾鸟和太阳鸟的别名。由于极乐鸟生活在人迹罕至的地方，人们只看见它们在天空飞翔，于是就产生了一个美丽的联想：极乐鸟住在"天国乐园"里，吃的是天露花蜜，是一种"上帝的神鸟"。

极乐鸟的羽毛色彩鲜艳。
图片作者：Doug Janson

　　全世界已知的极乐鸟共有42种，分布在澳大利亚和新几内亚岛及附近的阿鲁群岛一带，它们是世界上最美丽、最著名的观赏鸟之一。在巴布亚新几内亚的树林里，极乐鸟在竞相飞翔；它们时而落在水边饮水，时而进入水中沐浴，时而又飞向高空，天空中布满了美丽绝伦的羽色，有红、绿、金、青绿、紫、碧绿、黄、淡紫、品红、粉、栗……极乐鸟们盘旋、翱翔、扑食，五光十色，穿梭变化，令人眼花缭乱。成群极乐鸟在空中的时候,人们几乎看不到鸟的存在,它们好像不是在飞行,而仿佛云朵一样在空中飘荡。千变万化的色彩引来不少小动物,它们好像置身于剧院中,在观看节目。每次表演结束后,极乐鸟演员们马上开始整理剧装,用嘴梳理舞蹈后变得有些零乱的羽毛。有的雄性极乐鸟能像杂技演员一样,在树枝上旋转翻滚,使它的细长如丝的尾羽上下翻飞,真是美不胜收。雄性极乐鸟的这一切努力表演,全是为了吸引雌性极乐鸟的注意。后者为褐色或灰色,没有那华丽的羽毛,它们坐在一旁,为绅士们的表演所陶醉。

极乐鸟首次运到欧洲时,引起了轰动,因为它们的羽毛实在太美了。在法律没有禁止捕杀极乐鸟之前,欧洲和美洲的时髦女性总是在帽子上佩戴着这些富丽堂皇的羽毛,据说只要用 50 或 100 英镑去乘上羽毛的总数,你就会知道某一女士的富有程度,她们的羽毛头饰比她们的珠宝还要昂贵。

备受喜爱的双重国鸟——燕子

奥地利和爱沙尼亚两国人民把燕子称为优秀的"植保员",并将它誉为国鸟,这是很有意义的。

燕子是鸟类王国里的著名益鸟,它们几乎完全以昆虫为食,而且除了夜晚休息以外,其他时间都在空中飞翔,张开宽阔的嘴巴,再加上十分灵巧的飞行技术,能拦劫并吞吃形形色色的飞虫,其中大部分是害虫,因此世界各国都把燕子作为保护鸟类,不准伤害它。奥地利和爱沙尼亚两国更进一步将燕子作为国鸟,旨在教育子孙后代永远爱护燕子,保护燕子。

燕子喜欢在屋梁上或屋檐下营巢。它们总是成双成对地飞到人们的房屋来选择巢地,雌雄间十分亲热。当巢地选定以后,它们就辛勤地劳动,用嘴啄取湿泥丸、草根和残羽,堆砌成一个外形好像半只碗、开口向上的巢,巢内铺上轻松的羽毛和软草。巢筑成以后,通常还要让它干燥一下,才住进去。

过不太久,雌燕在巢里产下 4~6 枚蛋。
燕子是有名的益鸟。

由雌燕孵蛋，大约过半个月光景，小燕子就出世了。刚出生的小燕子，裸着身体，闭着眼睛，不断张开小嘴要东西吃。这时候，老燕子非常忙碌，整天在外面捕捉昆虫，并且像穿梭一样来来往往，一天之内要给小燕子哺食达 800 多次。小燕子的食量很大，每天要吃相当于自身体重那么多的昆虫。小燕子渐渐长大以后，老燕子便开始带它们外出学习飞行、觅食和逃避敌害的技能。

燕子体态小巧而轻捷，嘴巴短、口裂阔，双翅尖长，尾羽平展时呈剪刀状，非常适于急速的飞行。它虽然飞得很快，时速可达 300 千米，可是不能在急飞中迅速地转弯，只能直向前方飞。

燕子是捕虫能手，有人作过调查，一窝燕子在一个夏季能捕食几万只昆虫。燕子还是气象预报员，当它们低飞时，意味着天将下雨了。因为天将下雨时，昆虫大多在离地面不高的地方飞舞，燕子为了捕食飞虫，也就飞得很低。

到了 9～10 月间秋风起的时候，燕子就准备飞回南方去了。它们在北方已经生活了很长一段时间，也养大了自己的孩子。它们便成群结队，飞往东南亚、印度、澳大利亚等地越冬。等到来年春天，它们再从南方飞回到北方来。

瑞典的乌鸫

瑞典的国鸟——乌鸫，尽管外貌并不漂亮，但是它有两大特长：一是口舌灵巧，二是能消灭害虫。

乌鸫体长约 30 厘米，全身漆黑，只有嘴巴是鲜黄色的，看上去颇像一只小乌鸦。它的鸣声嘹亮，尤其到了春暖花开的时候，格外善于啭鸣，而且叫声变得丰富多彩，还能模仿其他鸟的叫声，人们因此叫它"百舌"。这种鸟发出的"吉—吉—吉"的声音，特别响亮。由于乌鸫在春季鸣叫得最欢，因而又获得了"望春"、"唤春"、"报春"、"怀春"一串美名。

平时，乌鸫喜欢 3～5 只结成小群，在田野、村庄、庭院里活动，啄食甲虫、蝼蛄、蝗虫、蚊子、苍蝇

乌鸫看起来很像乌鸦。
图片作者：Juan Emilio

等多种昆虫，对人类有益。由于这种鸟既爱鸣唱，又善于捉蝇蛆，所以人们叫它"快乐的清洁工"。有人发现，一只乌鸫一次竟吃了100多条蝇蛆。

乌鸫分布广泛，有时喜结成特大鸟群在空中飞行。例如生活在美国的乌鸫，成群在高空中飞翔，黑压压一片，估计数量达千万只，它们准备横越路易斯安那州的田野，飞抵它们的栖息地。

其他的国鸟

据不完全统计，现今世界上至少有30个国家已经确定了自己的国鸟。除上述19个国家外，还有：日本的绿雉，委内瑞拉的拟掠鸟，巴巴多斯的鹈鹕，爱尔兰的蛎鹬，挪威的河乌，斯里兰卡的黑尾原鸡，特立尼达和多巴哥的蜂鸟，卢森堡的戴菊，智利的康多兀鹫（又名安第斯神鹰），缅甸的乌鸦等。国际鸟类保护会议曾建议世界各国都能选定国鸟，促使人们树立起保护鸟类的意识，并积极行动起来。

我国目前还没有国鸟，有人提出，把我国特有的珍稀鸟类、国家一级保护动物褐马鸡，作为我国国鸟或中国鸟类学会会鸟。

千奇百态的珍禽

不爱飞翔的秘书鸟

在鸟类王国里，有一种从名字到形象都非常奇怪的鸟。它的头后部有一排长长的羽冠，每一根都像欧洲古代秘书常用的羽毛笔，所以叫做秘书鸟。

由于秘书鸟的长相十分特殊，所以对它的分类位置，学术界一直有很大的分歧。有人认为它有锐利的像钩子一样的嘴巴和尖利的爪子，是一种凶猛的鸟，应该归属于鹰隼一类；又有人根据它的一双光秃秃的、细细的长腿，站在短腿鸟类中简直是鹤立鸡群的特点，将它与鹤归为一类。后来经过反复争议，前一种主张占了优势，但因为此鸟外貌实在古怪，只好为它在鸟纲隼形目下面，专门设一个秘书鸟科，在这个科里，全世界只有它一种。

秘书鸟的个子不算小，一双灵巧有力的长腿站立起来，体高超过1米。尽管这种猛禽不喜欢飞翔，可是它那一对长长的翅膀展开可宽达2米以上，尾部的羽毛也很长。平时主要吃蛇和蜥蜴，也吃少量昆虫和啮齿动物（如老鼠）。秘书鸟同蛇格斗时，常常展开双翅，翘起尾巴，这样可使身体保持平衡和稳定，有利于战斗。

秘书鸟吃蛇的动作一定会使你觉得惊奇。它见到蛇后，并不马上用嘴巴啄食或者以爪子撕抓，而是展开羽冠和翅膀，稍稍翘起尾巴，先在蛇的周围徘徊、跳跃一阵。这一行为可能有三个含义：一是蛇不是好惹的，偶

长相奇特的秘书鸟。
图片作者：Yoky

尔也会将鸟咬伤甚至咬死，所以秘书鸟见蛇想吃又紧张，不敢轻易下手；二是给蛇一种威胁信号，使它感到已是四面楚歌，应该快快"投降"；三是秘书鸟在寻找机会，给蛇一个致命的袭击。秘书鸟为了躲开蛇的正面反扑，总是灵巧地绕到蛇的后面。当蛇无心恋战，准备溜之大吉时，秘书鸟就赶上去，举起有力的脚狠狠击打蛇的头部，然后立即闪开，以防它反击，再找适当的机会，给予迎头痛击。秘书鸟比蛇体力强壮，又灵活有加，最终是蛇头被击碎，秘书鸟把蛇扯成一段一段吞进肚里。

现在，世界上的秘书鸟已经非常稀少了。

杜鹃的四件趣事

汉代，流传着一个"望帝化身为杜鹃"的传说，讲的是古代蜀地有一个名叫杜宇的人，后来做了皇帝称为望帝，不久在外身亡，化身为杜鹃。后人在春夏季节听到杜鹃彻夜不停的叫声，把它的求偶炫耀比拟成一种凄凉哀怨的悲啼，激起各种情思。杜鹃的这种感人肺腑的悲鸣，加上它的口腔上皮和舌部略呈红色，古人误以为它都啼得满嘴流血了。所以古书上有许多关于"杜鹃啼血"、"啼血深怨"的传说，都用来比喻多情。

杜鹃的习性和行为确实非常奇特，主要有以下四点：

"爱鸣匿迹"，是杜鹃第一个奇趣所在。杜鹃科鸟类共有132种，其中大多数种类生活在开阔的森林地区，而且性情羞怯，喜欢匿居于茂林深处，不易被人们所见。可是，它们又酷爱鸣叫，常常经久不息，特别是有月光的夜晚，在一片静寂的山林之中，啼鸣可以通宵达旦，这在鸟类中是较为罕见的。大杜鹃和四声杜鹃是我国的常见种类，它们背部羽毛都是灰色，胸腹部有明显的黑横纹，虽然外貌十分相似，鸣声却不同。大杜鹃的鸣声是"喀咕——""喀咕——、喀咕——"，近似于语音"布谷——"，同时迁飞到我国来

有些杜鹃的嘴呈红色。
图片作者：dominic sherony

"义务保育员"正在喂饲杜鹃幼鸟。
图片作者：Per Harald Olsen

繁殖的时间正是播种的季节，因而被称为布谷鸟。四声杜鹃的鸣声为"喀——喀——喀——咕——"，人们拟其音为"光棍好苦"或"割麦割谷"、"快快割麦"、"不如归去"。在我国的古籍中，常见有吟咏杜鹃的诗句，可见杜鹃的叫声是何等动人。欧洲人不但把杜鹃称做报春鸟，而且还夜入林地，兴致勃勃地聆听它们演奏的"春节音乐会"。

"寄生"，是杜鹃的第二个奇趣之处，也是杜鹃最特殊的习性。说到寄生，有些人或许会感到惊讶，鸟类何来寄生呢？实际上，确有其事。大约有37%的杜鹃种类，自己并不筑巢，而是偷偷地将自己产下的蛋放在其他鸟类的巢中，由巢主人代为孵化和育雏。据记载，杜鹃喜欢在小型雀类巢中产卵，目前已知这类鸟能向100多种鸟类的巢内产蛋，大至乌鸦、喜鹊，小至柳莺。

至于杜鹃是怎样将蛋放到其他鸟类的巢内的，解释不一。有的说是杜鹃直接将蛋产在其他鸟类的巢内；有的说先将蛋产在地上，再用嘴衔入巢中；有的说先将蛋产在地上，然后用它那特有的对趾型爪，抓着蛋放进巢里。

据鸟类学家长期观察和研究，发现杜鹃放蛋或产蛋也是有条件的，并非任何鸟类的巢都可以。通常有这样几个条件：一是寄主的蛋型和蛋色都与巢主蛋相仿，否则会被巢主识破而舍弃；二是巢主的食性要基本上与寄主的食性相似，这样杜鹃的雏鸟才能获得合适的营养；三是寄主蛋的孵化期和雏鸟在巢内的发育期，必须与杜鹃蛋的孵化期和雏鸟在巢内发育期基本相一致，这样巢主才能以其固有的本能，将杜鹃的雏鸟顺利地抚养起来；四是寄主的巢不仅要数量多，而且要容易找到，这样杜鹃才能完成寄生性繁殖。

杜鹃在别的鸟巢中放蛋或产蛋，并欺骗巢主为其孵蛋和育雏，这实在不是一件光明磊落的事情，所以杜鹃往其他鸟巢里放蛋或产蛋，既要偷偷摸摸，又要选准时机下手。据鸟类学家观察，绝大多数鸟类都在早上产蛋，而杜鹃却在午后产蛋，其中秘密就在于一般鸟类孵蛋活动的最活跃时间是上午，几乎伏窝不离开巢；到了中午及午后，气温升高，巢温相应较为稳定，所以雌雄鸟都双双外出活动，而杜鹃可乘机在这段时间产蛋，将蛋放入巢主的巢中。

杜鹃将蛋放入或产在其他鸟类的巢内后，会出现两种情况。一种是寄主和巢主的蛋都在巢内孵化，双方雏鸟也在巢内共同发育，不过最终结果是不同的。比如，我国南方有一种叫噪鹃的杜鹃，产蛋在红嘴蓝鹊的巢里，而红嘴蓝鹊的两只雏鸟虽然没有被噪鹃雏鸟抛出巢外，但因亲鸟喂雏并非按次序轮流，而是谁争食强烈就得食，这样小杜鹃发育迅速，身高体壮，食量又大，自然抢先获食，而可怜的巢主亲生骨肉却饿得骨瘦如柴，甚至活活饿死。另一种是寄主雏鸟会将巢主的蛋或雏鸟推出巢外，真是喧宾夺主。例如大杜鹃在大苇莺巢内产下一枚蛋，所孵出的雏鸟有一种特殊的本能活动——凡是它身体所接触到的东西（除哺育它的成鸟外），都会被推到巢外。所以小杜鹃触碰到巢主的蛋或雏鸟后，就会产生一种反射动作，即掉过屁股往后挤，将蛋或幼雏挤到巢边使其驮在自己的后背上，然后张开它的光滑无力的翅膀，支撑着向上猛然站起，用脊梁顶着巢主的蛋或幼雏，将它们一个一个地推向巢外，最后只剩下它"独生儿"坐享其成。

尽管小杜鹃如此忘恩负义，但是可怜的、比杜鹃幼鸟还小得多的"义务保育员"，却完全蒙在鼓里，辛辛苦苦地为了填饱别"人"儿女的肚子而忙碌飞奔着。在"义务保育员"的悉心哺育下，小杜鹃羽毛丰满了，它的个子能比"义务保育员"大好几倍。为了喂养它，"义务保育员"要把自己的脑袋都伸到小杜鹃的嘴里，有时只得站在小杜鹃的头上才能够得着它的嘴。

这真是大自然中的一件怪事！

"小杜鹃靠什么导航"，是第三件奇趣事。老杜鹃将自己的蛋放在或产在其他鸟类的巢内后，自己就撒手不管，展翅飞离。在"义务保育员"的精心哺育下，小杜鹃的羽毛长成，能够独立生活了，就毫不留恋地离巢飞去。究竟飞往何处去呢？有人猜想它设法去找亲生父母，也有人推测它会追随"义务保育员"承一点养育之恩，其实都不是。

新加坡的红翅凤头鹃。
图片作者：Diplodocus501

小杜鹃离巢时，秋天已经到了，它比老杜鹃更早地动身南迁，只身跨洋过海，远至澳大利亚或非洲去越冬，旅程达数千千米之遥。对小杜鹃来说，这完全是一条从未飞行过的陌生路线，而且又没有老鸟带领，能否到达目的地实在令人难以想象。

在欧洲许多国家里，杜鹃已成为主要的饲养鸟类，许多鸟类饲养场和个人笼养了许多杜鹃。根据饲养场专家们的观察，笼养的小杜鹃到了秋天会表现出十分不安的样子。它们的头部总是朝着南面方向的笼壁冲撞，渴望循着它们祖先越冬的方向前进。专家们有意打开笼门，让一些小杜鹃自由飞翔。可是，这些天真的小杜鹃出笼以后，行动非常混乱，它们往往不向南方飞行，却朝相反方向飞行。人们把这一现象，叫做小杜鹃的"迷路旅行"。但是，聪明的小杜鹃最终会发现错误，自己纠正航向，向南方迅速直飞，从此很少迷路。至于是什么原因指引它向着传统的越冬地区飞行？为什么会出现"迷路旅行"？后来为什么能"迷途知返"呢？这一系列问题，迄今还是个谜。

"嗜食毛虫"，可谓第四个奇趣事。杜鹃虽然有坏的育雏习性，但是对人类益处却很大，可以说是出色的森林保护者。

面对许多浑身刺毛、色彩斑斓的毛虫，其他鸟类常常望而生畏，不敢啄食，或者不喜欢吃，唯独杜鹃欣赏其美味，乐于食取。有人在夏天观察过，1只杜鹃每小时能捕食100多条毛虫。

凤凰与三种美鸟

今天，恐怕没有人再相信世界上有凤凰这种鸟，不过凤凰的传说在人们的心

凤凰的形象常常出现在古代宫廷瓷器中。
图片作者：Peabody Essex Museum

目中留下的印象是很深的，所以"凤凰"一词迄今仍被沿用。例如用"凤凰"名作为商标，什么凤凰牌香烟、凤凰牌毛毯……还有"鸡窝里飞出了金凤凰"、"咱们村里出了个金凤凰"等比喻。以"凤凰"作为地名的也不少，如凤凰城、凤凰山。

有一点可以肯定，凤凰是由人们通过想象创造的超级美鸟的

形象。那么，这种想象，是有客观实物作为参照，还是完全凭空臆造的呢？

在我国现存的鸟类中，就光、色和图案三者来说，配合得最恰当的要数国家一级保护动物绿孔雀了，难怪有人把它比作凤凰。不过，孔雀与凤凰相比，还略为逊色，那就是艳色还稍显不足。那么，增添这些艳色可从何种鸟身上借鉴呢？如果你见过我国著名特产、二级保护动物金鸡和银鸡以后，就会推想出古人很可能是综合了绿孔雀、金鸡、银鸡等鸟的丽色和美形，才创造出想象中的凤凰。

凤凰的三种原型：绿孔雀。
图片作者：Arddu

孔雀个头较大，雄鸟的体长连同尾屏可达 2.3 米，甚至还有超过 3 米的。全身羽色美丽灿烂，在阳光下反射出多种金属光泽，其中以翠绿色为主。头顶上长有一簇长约 11 厘米的冠羽，像一把

金鸡。
图片作者：Philippe Giabbanelli

镰刀。它身后方拖曳的尾上覆羽特别长，有 1.5 米左右，形成尾屏。尾屏十分华丽，羽上分布着许多五色金翠眼状斑。当它激动的时候，就将尾屏高高翘起并展开，活像一把色彩绚丽的大羽扇，同时踏着细碎的舞步，不时地抖动尾屏，通过羽毛摩擦发出"沙沙"的声响，一块块五色金翠眼状斑闪闪发光，华丽夺目，这就是众所周知的孔雀开屏。

金鸡又名红腹锦鸡、锦鸡、彩鸡等，体型较雉鸡小，以鲜艳的羽色著称。雄鸟色彩斑斓，浓妆绚丽，显出一种贵族的风采。它头上有金黄色的羽冠，散披到后颈。脸、颊、喉和前颈都是锈红色。后颈围以橙褐色镶有黑色细边的扇状羽，宛如披肩，闪耀着光辉。上背除绿色外大都为金黄色，下体深红色。尾长可超过体长 2 倍以上，色黑而杂有桂黄色斑点。全身羽色互相衬托，确实光彩夺目，美丽绝伦。但是雌鸟并不美，它的羽冠、披肩都不发达，尾羽较短，全身几乎都是棕褐色。

银鸡。
图片作者：SandyCole

金鸡虽然是"一夫多妻"，但在繁殖季节雄鸟之间却常常会发生争雌大战。它们的搏斗十分激烈，有时可以斗到羽毛脱落，头破血流。两只雄鸟虎视眈眈、充满杀气，面对面摆开了搏斗的架势，双方跃起身体，扬起强有力的利爪，弄得尘土飞扬。这种搏斗，通常要持续数分钟，甚至10多分钟，有时竟可长达20多分钟，直到一方低下头来，完全认输为止。

金鸡分布在我国中部和西部山区，以秦岭山脉最多，陕西省宝鸡市就是以盛产金鸡而得名。这种珍禽上山下山时，大多会顺着当地老乡们溜柴所用的小沟或小路，奔跃而行。它善于奔驰，却很少振翅起飞。奔走时，若遇有低岩脊或小片空旷地，便半展其翅，滑翔而过。

银鸡又叫白腹锦鸡、铜鸡等，个子与金鸡差不多。雄鸟头顶、背、胸等都是绿色，闪烁着金属的光辉。头上有发状羽形成羽冠，像小辫一样，散披在后颈。白色镶黑边的羽毛形成披肩，围着头和颈部。下背和腰部都为褐色，往下转朱红色，从远处观望十分显眼。这种珍禽腹白如雪，拖着黑白相杂、光亮似锦的长尾，显得淡雅而清秀。它在高山灌丛和矮竹林间走起路来轻盈袅娜，十分惹人喜爱。雌鸟和雌金鸡一样，一点也不引人注目。

银鸡分布于我国西藏、四川、云南、贵州等地，与金鸡、绿孔雀都为世界著名的观赏鸟类。这种珍禽也善于奔驰，较金鸡易于起飞。

体姿优美的寿带鸟

鹟科鸟类中的寿带鸟，是我国森林鸟类中体态最优美的一种。它个子不大，比八哥还要小些，和麻雀差不多大小，但尾羽很长，尤其是雄鸟尾部中央的两根羽毛非常长，足有身体的4～5倍，像绶带一样地随风飘扬，人们因此又叫它长尾鹟、绶带鸟、长尾三娘。

令人奇怪的是，有时候我们看到的雄寿带鸟是栗褐色的，而有时候看到的却是白色的，很容易使人误以为不同体色的寿带鸟是两种鸟。前者俗称"紫练（鸟）"，后者叫它"白练（鸟）"。据鸟类学家观察，雄寿带鸟的羽色会随年龄不同而变化。它年轻的时候，头、颈呈带金属光泽的深蓝色，头顶伸出一簇冠羽，背脊、翅膀和尾部羽毛是栗褐色的，仅肚皮上羽毛是白色的。但是到了老年，它的全身羽毛都变为白色，这一现象与人的毛发变白十分相似。至于雌寿带鸟，冠羽和尾羽都比雄鸟短，头、颈、冠羽为黑色具蓝色光辉，其余羽色近似幼雄鸟，为赭色。这些拖着长尾巴的漂亮雄寿带鸟，在树林间飞舞的时候，像花蝶一样，因而又叫"一枝花"。

雄寿带鸟的尾部有两根特别长的羽毛。
图片作者：Steve Garvie

自古以来，我国人民就十分喜欢和珍视寿带鸟。它们在树林中生活，总是两只不同颜色的长尾巴的雄鸟和一只短尾巴的雌鸟在一起追逐着；到了繁殖时期，才成对地在一起筑巢、产蛋和孵蛋。人们从来没有见到过两只不同颜色的长尾巴寿带鸟在一起营巢生殖，仅看到它们拖着长尾巴翩翩起舞，飘然若仙，便想象栗褐色的是梁山伯变的，白色的是祝英台的化身。

寿带鸟也是热带种类，它们到我国繁殖时间要比燕子迟些，大约5月里，在长江流域才见到它们的行踪。接着，它们过江、跨河，飞向全国各地。这种鸟是唤醒森林的最早歌手之一，差不多每天清晨4时，就会有节奏地放声歌唱，声音响彻林区，这是寿带鸟的求偶信号。

大约在6月间，它们在树杈上，用细草、羽毛、苔藓、树皮、蜘蛛网以及纸片等筑成一个高杯状的巢，十分精巧。不久，雌鸟就在巢中产下4枚富有光泽的蛋，然后雌雄鸟轮流孵蛋。

值得一提的是，寿带鸟对巢蛋保护的警惕性之高，可能在鸟类中是数一数二的。不仅在筑巢和产卵期间稍有干扰，它们就会弃巢而去，甚至只要把巢旁的树枝稍加移动，它们就不再回巢了。

寿带鸟有着一张宽阔的嘴巴,加上发达的口须,可以网捕各种飞虫,如苍蝇、天蛾、松毛虫等害虫,它栖落在枝头静待飞虫光临,一旦飞虫接近就迎上去吞食,然后又栖于原地,等候飞虫的到来。

大约9月里,当秋风吹落枯叶的时候,寿带鸟就离开我国,飞往印度、东南亚一带去越冬了,待来春再到我国"生儿育女"。寿带鸟不仅体态优美,而且鸣声清脆响亮、悦耳,因而容易遭到人们捕捉,甚至杀害,自然界中这种鸟数量也就越来越少。1994年,上海市人民政府正式批准公布的本市需重点保护的46种野生动物名录中,已将此鸟列为保护对象,在上海市内禁止捕杀。

鸮中之奇

鸮俗称猫头鹰,全世界有133种,是一类通常在夜晚活动的猛禽,以食肉为生。这类鸟有以下几个共同特点:一是嘴巴尖利,呈钩形;二是爪子强劲而弯曲,第四趾能随意向前后转动;三是两眼很大,且不像其他鸟类分开在头部两旁,而是都排在前面,夜晚也能视物;四是眼的周围有辐状排列形成"面盘"的羽毛,据此可与昼出猛禽相区别;五是羽毛柔软稠密,飞行时没有声音;六是听觉极其敏锐。

我国共有27种鸮,因数量稀少而都被列为国家二级保护动物。

北美洲产的大灰鸮,是该洲最大的鸮,也是原来人们研究得最少的一种鸮。加拿大马尼巴托自然资源部野生动物专家尼罗博士及马尼巴托人类和自然博物馆鸟类学家科普兰教授,对大灰鸮进行了17年的考察与研究,基本上弄清了此鸟的习性及其生理上的特点。其中特别是发现了大灰鸮的捕食本领高于其他鸮类。

一般鸮类只能夜间捕食,而大灰鸮长着两只黄色眼睛,既能够在黑暗环境里见到野外活动的田鼠,又可以在白天的雪地里发现鼠类活动的足迹,这使它在白天、黑夜中都能捕捉到猎物。同时,大灰鸮的颅顶宽阔,好像一个抛物面天线,能收集

大灰鸮有两只炯炯有神的黄色眼睛。
图片作者:High Resolution

和会聚猎物发出的微声,然后通过它有特殊定向本领的耳朵,精确无误地判断出猎物的所在位置。另外,大灰鸮的圆盘状脸部好比方向盘,可以灵活旋转,眼视四面,耳闻八方,又如雷达,它确定猎物的方位的误差小于1.5度。科学家还从鸮类的解剖学和神经生理学的研究中,发现大灰鸮的耳蜗与仓鸮一样,比别的鸟类都长,所以它的听觉发达,不仅能够听到频率最广泛的可听声,而且能够听到人类听不见的次声波和超声波。

大灰鸮不仅具有杰出的听觉、敏锐的视觉,而且还能快速地行动,一旦发现猎物,能够在0.5秒内从栖树上起飞,以每秒近40米的速度飞达,常使猎物来不及逃脱。在繁殖季节里,它们的捕鼠能力更为惊人,往往在幼鸟还没有出壳之前,就抓紧时间先捕捉几只鼠放在巢边,平均一只大灰鸮可以积储6只鼠,以备食物缺乏时合家取用;有的甚至在饱餐之后,见到鼠类时仍然猛烈追逐,宁可杀死扔弃,也决不让一只鼠逃脱。

在鸮类中,个头最大的要数雕鸮,体长约70厘米,重约4千克;个头最小的是弄鸮,体长只有13～14厘米,比麻雀稍大一点儿。雕鸮不仅个头大,而且也是鸮类中最强者,它的绝招是从高处进行突然袭击,冷不防地逮住猎物。令人不解的是,在它猎取的食物中常有比其大得多的鸟兽,如体重达13千

鬼鸮的脸圆圆的。
图片作者:Maik Meid

克的獐,雕鸮是如何抓住它们并吃掉它们的,还是一个谜。弄鸮个头虽小,但嗓音却很高,到接近尾声时来一个急速的降调,听起来音调很古怪。它喜欢在巨大的仙人掌上啄木鸟的弃巢中营巢,主要以昆虫为食。

我国黑龙江、甘肃、新疆等地,生活着一种个子不大,体长约25厘米的鬼鸮。这个名称象征着悲哀和丧葬。它那圆圆的脸部,永远呈现一种对什么都感到惊诧的表情。这种鸟鸣声多变类似笛声,每隔几秒钟重复一次,不断地交替变化,给人一种阴森的恐怖感。不过,鬼鸮是一种益鸟,主要吃老鼠和昆虫。

鸟类的迁徙

什么叫迁徙

众所周知,天气在一年里有春、夏、秋、冬的周期性更替,而多种鸟类随着季节性的变化,也非常有规律地在繁殖地区(也叫营巢地区)与越冬地区之间,每年进行两次搬家迁飞。这种搬家迁飞的现象,或者说变更栖居地区的习性,我们把它叫做鸟类的迁徙。

在鸟类中,根据迁徙习性的有无,可区别为候鸟和留鸟两大类,也就是说前者有迁徙习性,后者没有迁徙习性。

全世界已知的9 000多种鸟类中,大约有4 000种或稍多一些属于候鸟。候鸟又可分为两种情况,即夏候鸟和冬候鸟。一些夏季在北方某一地区繁殖,到了秋季飞往南方较温暖地区越冬,至第二年春季又飞回北方繁殖的鸟类,对这一繁殖地区而言,称为夏候鸟。例如家燕和黑枕黄鹂,对我国江苏、浙江一带而言称为夏候鸟,因为它们夏季在这些地区繁殖,冬天南飞到东南亚、印度等地越冬。至于冬季在南方某一地区越冬,到第二年春季飞往北方繁殖,至秋季又飞回南方越冬的鸟类,对这一越冬地区来说,称为冬候鸟。例如鸿雁,夏季在我国东北和西伯利亚等地繁殖,秋季飞往南方长江中、下游一带越冬,就是长江中、下游地区的冬候鸟。

有些候鸟在迁徙时,途中在某一地区作短暂休息或觅食充饥,但不在这一地区繁殖或越冬,这些候鸟就成为这个地区的旅鸟。每当鸟类迁徙季节,在上海崇明岛、江苏北部沿海和青岛等地,

鸟类在迁徙时,会选择一些地方歇歇脚。
图片作者:Mdk572

虽然可以见到大量候鸟飞临，但经过观察和研究，其中大多数是过境的旅鸟。

那些终年栖居在出生地区，不随季节变化而迁飞的鸟类，称为留鸟。例如大家熟悉的乌鸦、喜鹊、画眉、麻雀等，一年四季都栖居在一定的地域内，一般不会离开出生地而远走高飞。但留鸟中也有部分种类，因追寻食饵而作较短距离漂泊的，如啄木鸟、山斑鸠等，夏季生活于山林，冬季迁居到平原，又称为漂鸟。

为什么要迁徙

鸟类为什么每年会不厌其烦地长途跋涉进行迁徙呢？对此，学术界解释甚多，众说纷纭。上海师范大学生物学系鸟类学家虞快教授认为，比较重要的有历史原因、外界条件和生理刺激三个因素。

第四纪以来，北半球曾经出现过几次冰期，那里天气十分寒冷，许多地方覆盖着冰块，使得植物和昆虫都被冻死了，以致鸟类找不到吃的食物而无法生存下去，于是被迫离开家乡，迁往南方温暖的地方谋生。后来，地球上的冰川慢慢地融化并向北退却，有些鸟类仍留恋原来的故乡，因而又重返北方。这样久而久之，经过长期的历史发展过程，便形成了一些鸟类南来北去的迁徙习性。

外界环境条件的变化，是促使鸟类迁徙的第二个重要因素。每当冬天来临的时候，出生地气温下降、日照时间缩短、植物和昆虫等食料减少，这些给鸟类生活带来了莫大的困难，于是它们就结群长征，或者只身远迁，飞到气候温暖和食物丰富的南方越冬。但是越冬地区却不适宜于它们营巢、育雏，只好等到来年春天，又迁返旧居繁殖后代。

鸟类的迁徙，还与鸟体的内分泌腺活动有密切的关系。春天来临，由于外界环境条件（如光照、温度）的变化，引起鸟类内分泌腺（如脑下垂体、生殖腺等）的活动，分泌出激素，刺激鸟体的有关部分，促使鸟类产生了繁殖传种的要求，于是它们就向北方迁飞，进行繁殖。有人在南方曾经做过实验，将在该地区过冬的雀类鸟放入笼中，以光照射，使其不受到秋季日光短弱的影响，并逐日把光照的时间拉长，于是其生殖腺不发生秋季的萎

迁徙中的黑雁。
图片作者：Thermos

缩现象，而且逐渐发育，此鸟始终作生殖歌唱。一旦将它放出笼外，它便立即向北方飞去。同时，也将其他鸟放入笼中进行对照，不给以光照，然后将其放出笼外，它就不向北方飞行。由此可见，日光照射时间的长短，与鸟类迁徙有重大的关系。

上述三个因素是彼此联系的，不能孤立地理解。

迁徙的时间

绝大多数鸟类的迁徙时间是选择在风平浪静的月夜。因为夜间迁飞，可以避免或减少被猛禽和猎人杀害的机会，而且白天还可以从容觅食和休息，有利于继续迁飞。

据鸟类学家们观察：许多体型较小的鸟类，都于夜间飞行，白天觅食；一些体型较大，或者飞翔能力较强的鸟类，如鹰、鹤等，则喜欢在白天飞行；也有一些鸟类，如不少游禽和涉禽，既在白天飞行，又在夜晚飞行。其中有些野鸭子，当它们在陆地上空飞行时，多半情况是在夜间，而飞越海洋时，则多在白天，这可能与它们躲避敌害有关。因为白天在陆地上空飞行，容易遭到敌害的袭击。

同一家族中的不同种鸟类，它们的迁飞时间也不完全相同。例如我国一级保护动物白头鹤，在黑龙江的乌苏里江流域繁殖后代，向南迁徙时经过内蒙古东部海拉尔、西北地区、辽宁南部、河北等地，直至长江下游越冬，但越冬后向北的迁飞时间，比其他鹤类都晚得多。据上海自然博物馆动物学家们在江西鄱阳湖观察，白头鹤一般要到4月上旬末才北上迁飞完毕。起飞的时辰与其他鹤类相似，通常在上午11~12时之间，迁飞时对天气要求并不严格，阴雨天气也照样动身迁飞。

900多年前，北宋科学家沈括在《梦溪笔谈》有这样一段记述："白雁到则霜降，河北人谓之'霜信'。杜甫诗云'故国霜前白雁来'，即此也。"文中的"河北人"，泛指黄河一带居民。白雁是指今天已经少见的雪雁。霜信则指从雪雁飞来这一物候现象，可以知道霜期即将到来。这说明古人已知道一些候鸟来到的日期。

令人惊奇的是，有些鸟类（如紫崖燕、猫鹃）几乎在同一季节的同一月、同一日迁飞到某一地点。曾有鸟类学家做过关于猫鹃迁徙的观察纪录，连续5年都在4月中旬的某一天，不迟不早就在那天到达。这5年里，某地猫鹃的"首见日"也是在固定的一天。

迁徙的速度与高度

候鸟在迁徙时的飞行速度，随种类不同而有较大的差异。鸟类学家曾经研究测量过部分鸟类在静风中的飞行速度,并且记录如下:普通雀类小鸟每小时能飞行32～60千米;鸥每小时能飞行36～42千米;鸽子每小时能飞行48～68千米;鸦每小时能飞行50～72千米;隼每小时能飞行65～78千米;白鹳每小时能飞行78千米;椋鸟每小时能飞行60～80千米;鸻每小时能飞行65～82千米;鸠

优雅的天鹅也很善飞。
图片作者:俞怀彤

每小时能飞行65～90千米;雁每小时能飞行68～90千米;野鸭每小时能飞行70～75千米;雨燕每小时能飞行110～170千米。上述鸟的飞行速度,不包括特定情况下的冲刺速度,如褐雨燕和游隼的时速可超过300千米,这种超高速仅见于一刹那的短程疾飞,绝不可能持续飞行。

至于候鸟迁徙时的飞行高度,过去认为它们在人眼能见的范围,但近来由于航空技术的发达,才知道少数鸟类能飞到人类视力以外的高度。据鸟类学家测定:普通小型鸟类在400米高度以下飞行;燕子的飞行高度为450米左右;鹤类在500米上下;鹳、鸳、雁等为900米左右,据说某些雁的飞行高度可超过万米;百灵为1 900米;天鹅的飞行高度有时可超过8 000米。

候鸟在迁徙中的飞行速度与高度,受到风力、风向等影响。在顺风时,飞行速度几乎可以倍增;逆风时,飞行速度则大大降低;遇上狂风或乌云密布的天气,它们会降低飞行高度,以减少阻力。

定向识途之谜

候鸟的迁徙,不仅要飞行数千乃至上万千米之遥,而且常要越过高山大海、长河大漠;它们不仅能够顺利地到达目的地,甚至能够准确地回到旧巢址营巢。我们熟悉的家燕、雨燕以及其他多种候鸟,从越冬地返回繁殖地时,就能做到这一点。这种定向识途的能力,实在令人惊讶和钦佩!

目前大家关注的是,候鸟在作长距离迁徙时,靠什么来定向识途呢?长期以来,科学家通过环志(用轻而耐磨蚀的铝合金或塑料制成脚环,刻印上放飞的地点、年份和号码,作为环志系戴在候鸟的脚上)、雷达观测、在鸟类身体上装置微型发报机、飞机跟踪等多种方法,对候鸟的定向识途机制进行研究,取得了一些成果,

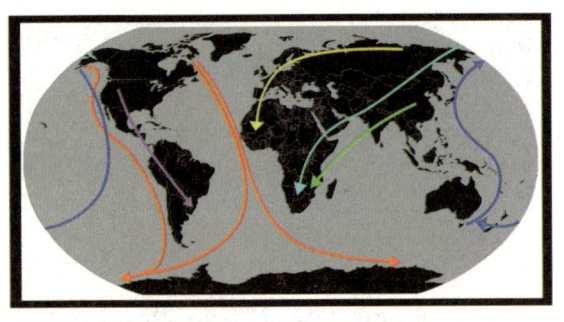

不同的候鸟迁徙路途不同。

这一研究还在逐渐深化。

候鸟几乎都能按照南北向固定路线迁徙。水栖性鸟类（如水禽和涉禽），一般沿着江河和海岸线迁飞；而陆栖性鸟类，则大都依顺河流、湖泊和山脉而迁徙。据此，早期有人解释说，这是因为它们记住了沿路上的高山、森林、大海、湖泊、河流、村庄等目标，所以才能定向识途，同时还认为近水近山地区草木丛生和虫类繁多，是候鸟在迁徙途中休息和觅食的好场所。

后来，有人对上述解释提出疑问，认为候鸟要将成千上万千米行程中的景物一一记住，显然是不可能的事情。再说，候鸟在茫茫大海或漫无边际的平原上空作长途迁徙，往往没有明显目标可供识别，但它们却也能定向前飞，这确是发人深思的问题。例如用飞机运送美国的信天翁，远离它们的中途岛出生地数千千米，它们仍能越过不熟悉的辽阔海洋，飞回中途岛上去；其中一只32天中飞行了6 400千米而重返原来的栖息地。虽然科学家针对这些现象提出了许多假说，但往往缺乏有说服力的科学依据。于是，人们就自然而然地把解决这一问题的希望，转向了天空。

为了证明太阳对候鸟可能存在的定向识途作用，科学家以椋鸟为对象，做了一个有趣的实验。他们在野外建造起一个中心对称的露天六角亭，每壁都开设一个窗户。先将椋鸟放在一个玻璃底的圆柱状的铁丝笼内，然后再将这铁丝笼放入六角亭内。人就躺在亭下一间专门的房间里，透过玻璃底观察椋鸟的行为。当阳光照进亭子时，椋鸟便毫不犹豫地把头转向平常的迁徙方向，并鼓翅飞翔。如果你用镜子将阳光折转90度，这时椋鸟的飞行方向也会来一个90度转弯。如此看来，椋鸟确是依据太阳来定向识途的。科学家还观察到，有时乌云遮住了太阳，椋鸟会暂时迷失方向，不过一旦太阳重新露脸，椋鸟就很快地调整了航向。

众所周知，太阳的位置是在不断变化的。有趣的是，鸟类相对太阳的角度每小时会改变15度，而这正好是白天太阳位置变化的平均速率，因而有的科学家推测，鸟类体内可能有计量太阳位移的生物时钟，随着太阳位置变化来改正时间，这样，候鸟在迁徙中才能正确掌握飞行方向。

对于白天迁徙的候鸟来说，太阳可能用做定向识途，但是许多夜间迁飞和昼夜不停迁飞的候鸟又用什么定向识途呢？有人提出，在很早的是时候，人们在夜间迷路时，就懂得用北斗七星和北极星来识别方向，鸟类在夜间飞行，也是靠璀璨的星辰位置来确定自身位置和应当飞行的方向,并以白喉莺为例做了实验。

白喉莺是北欧的一种善于鸣唱的小鸟,每年秋天便踏上征途,经过巴尔干半岛,飞越地中海,到尼罗河上游地区过冬。研究人员把白喉莺放入天象馆,其间设置了一个人造星空。当天象馆的圆顶上映出北欧特有的秋季夜空时,站在笼子里的白喉莺便把头转向东南,也就是以往在秋天飞行的那个方向。人造星空上的星星的排列,像万花筒似的变换着,白喉莺觉得自己正沿着熟悉的迁徙途经"飞行"着。当天象馆圆顶上出现希腊南方的星空时,它转向南方。而当天象变成北非的夜空时,它便径直向南方"飞行"。虽然那白喉莺仍在原地,它既没有在海洋上空飞行,也没有在森林上空翱翔,但是它在笼子里的表现,好像它确实经历了一番旅行,已经顺利地到达了越冬的地点似的。通过这一实验,可以说明候鸟在夜间飞行是靠群星作为指南的。

此外,学术界还有许多解释。飞行时能够利用磁场作为定向识途的标志;在高空飞行的鸟类还能按照特定方向振动的偏振光来定向识途;有些鸟类可以利用波长范围在 325 ~ 360 纳米的紫外光作为定向识途的标志;一些鸟类还能利用大气中次声(频率低于16赫、人耳不能听到的声波)发源地(例如海洋中的巨浪、磁场巨变等)作为定向识途的标志。

总之,候鸟的定向识途是个非常复杂的问题,通过实验观察虽作出种种直接或间接的推测,但至今尚无一种能自圆其说,所以仍是一个未能完全揭示的谜。

有些候鸟靠星空判别方位。
图片作者:European Southern ObservatoryDahle

鸟类的群栖与群集

最庞大的鸟群

希区考克拍摄的科教影片《鸟类》里，成千上万只鸟在空中齐飞，曾使不少观众感到惊讶。那么，还有没有比电影中的鸟群更为庞大的飞鸟群呢？这一饶有趣味的问题，一直是人们，特别是鸟类爱好者热衷于探究的。

就现在的鸟类来说，生活在欧亚大陆和非洲大陆的红嘴织巢鸟以及美国的乌鸫，它们的每一群鸟的数量可达几千万只之多，可能是现今世界上最大的群栖鸟类。前者同栖在一棵树上，密密麻麻，乍一望去，好像繁茂、稠密的叶子，颇为壮观！后者成群在高空中飞翔，黑压压一片，遮天蔽日，仿佛黑夜突然降临。

在印度的一个小岛上，科学家发现过100万只以上的黑燕鸥群。我国西沙群岛中的武德岛，昔日鲣鸟多得难以计数，估计有数百万只之多，常常使岛上的人们无法插足。可是今天岛上的鲣鸟数量已大大减少，我国已将其列为二级保护动物。

群栖、群集和群飞

遮天蔽日的鸟群。
图片作者：Alastair Rae

许多鸟类都有群栖、群集或群飞的习性，这是它们祖辈遗传的本能行为，并且世代相传。

美国鸟类学家韦瑟黑德博士认为，严格地说，鸟类的群栖与鸟类的群集是两个不同的概念。一般所说的群栖，指的是鸟类在一起觅食、飞行和休息；而群集仅是鸟类为了某一目的而聚集在一起，如生活在北美洲和中美洲的仓燕、树燕、岸燕等鸟类，仅在寒冷的季节里，为了减少热量的散失，达到抗冻的目的，才聚集在一起，平时都是分散活动的。又如，以昆虫和植物种子为食的黄头乌鸫，它们白天集群觅食和营巢，但是夜间却各自分头休息，这也只能说是群集行为，不能算是群栖习性。过去，人们将鸟类的"群栖"与"群集"作为同义词，这是不妥当的。

鸟类的群飞，是群栖鸟类中的一种活动形式，也是鸟类群集的一种目的，例如一些原来独栖的鸟类，为了某一共同的目的，群集在一起飞行。

"信息中心"理论

根据各国科学家近年来的研究成果，韦瑟黑德博士和美国加利福尼亚大学生物学家威廉姆·汉密尔顿教授，概括出鸟类成群飞行可以形成"信息中心"的理论。

在辽阔的鸟类栖息地区，只有成群飞行的鸟类，才能够更有效地发现密密麻麻的大量昆虫、鱼群、成熟果子、混杂种子和死动物躯体等食物，因为成群飞行的鸟类中，只要有几只，甚至一只发现了食源之后，其他的鸟就会很快地得到信息，从而被诱集拢来，而且数量越来越多，共享美餐。而对于单独飞行或几只一起飞行的鸟类，觅食就比较困难，有时甚至像大海捞针一样困难。群飞鸟类之间靠什么来传递食源信息呢？有的科学家认为鸟类不会打嗝，也不会拍动它们肚子里的美餐告示于众，所以至今还是个不解之谜；而另一些科学家却认为，鸟类可以用视力发现同类寻得食物的信息。

群飞可对付敌害

鸟类成群飞行，可以减少甚至避免敌害袭击，这已被许多事实所证明。至于怎样对付敌害，科学家有以下几种说法：其一，韦瑟黑德博士认为"信息中心"的第二个作用是传递敌情。群栖鸟类在飞行、觅食和休息的时候，只要其中有一只鸟，或者几只鸟发现了敌害，它或它们就会立即惊叫，通报其他鸟"有敌害来临，赶快飞逃"的信息。在大自然里，猛禽和野兽等都是鸟类的敌害，所以"信息中心"对鸟类生存有积极的意义。

其二，汉密尔顿教授从数学概率的角度提出，对鸟类的一个个体来说，集群飞行的鸟类受敌害攻击的概率必然大大低于孤鸟独飞和少数鸟一起飞行。例如一只灰背隼（一种猛禽）去袭击正在飞行的 1 000 只雪松太平鸟，此刻对雪松太平

鸟类成群栖息可以避免敌害袭击。
图片作者：D.Gordon E.Robertson

鸟个体来说，被击中率仅有千分之一；如果是10只雪松太平鸟一起飞行，那么个体的被击中率就上升到十分之一；要是孤只飞行的被击中率就为百分之百了。

其三，许多观察资料揭示，不少群集鸟类虽然都是脆弱的飞行者，但是敌害对它们却有"控制性"。例如，英国生态学家尼古拉斯·廷伯金，曾观察一群椋鸟在空中作乱七八糟的混乱飞行，当时有一只游隼试图对它们进行袭击，想挑选其中一只作为美餐。不过，这只游隼虽有此企图，最后还是退却了。这是为什么？据廷伯金解释："游隼有'控制性'，一般不愿为食物而冒险冲入鸟群之中。"又如美国生态学家A·J·迈耶里克斯，在近马萨诸塞州南博罗地区，观察到一只鸡鹰正在袭击一群25只雪松太平鸟。雪松太平鸟正在混乱地集中飞行，在10分钟内，这只鸡鹰明显5次出击。每次出击时，雪松太平鸟就互相集中，鸡鹰见此便转向离开，没有一次击中。最后，受挫的鸡鹰放弃追逐，飞离而去。对此，迈耶里克斯认为，凶猛的捕食鸟在面对成群飞行的脆弱鸟类时有"控制性"，这仅仅是一个方面；另一个方面是脆弱鸟类的混乱集中飞行，对敌害也具有迷惑作用。

其四，美国圣迭戈州立大学生物学家巴巴拉·库斯提出"成群飞行的鸟类只数越多，越不容易被敌害袭击"的观点。

她花了整整3个冬季，在加利福尼亚州北部博利那斯环礁湖岸，观察群集飞行的鹬科鸟类，共发现灰背隼袭击它们达689次之多。分析当时被袭击的记录资料，库斯发现鹬科鸟类几乎都是在离群单独飞行时才被袭击的，很少在多只一起飞行时受袭击，超过500只群集飞行时没有被袭击。

有没有"头鸟"

长期以来，人们一直认为在结群飞行的鸟类中，有1～2只有经验的"头鸟"带队，其他的鸟跟随在后，这样鸟群就不会迷失方向，能顺利地飞达目的地，这也是鸟类成群飞行的原因之一。

不久前，美国罗得岛州大学动物学家弗兰克·赫普纳和他的学生哈罗德·波默罗伊，对鸽类飞行作了认真的观察。他俩发现，在飞行的鸽群中，并没有固定的一只鸟在队列前飞行，而且当飞行的鸟群转变方向时，原来在队列前飞行的鸟甚至落在后面。据此，他们认为没有"头鸟"。

另外，在候鸟中，有些种类的幼鸟，在出生后当年飞向越冬地的迁徙中，先于成鸟出发。这些幼鸟并非"识途老马"，根本没有"头鸟"带路。但是有的科学家提出要具体分析，可能有些鸟类有"头鸟"领路，有些鸟类靠其他方法识途，不能一概而论地说"有头鸟"或"没有头鸟"。

多姿多态的飞行形式

美国新泽西州的一条公路旁的田野上空，突然出现一个正在空中飞翔的庞大的欧椋鸟群。公路上许多过往者，包括目光敏锐的赫普纳教授，都在兴致勃勃地观看鸟群。它们中的数百只或许几千只，正在表演一系列同步的特技飞行——转向、跳跃、上升、飞扑……动作是如此灵敏、快速，且具有精巧的协同步调，好像欧椋鸟能在瞬间彼此传递信息似的。对一般目击者来说，这是一个极妙的空中表演，但对诸如赫普纳这样的科学家而言，却带来了一个难题，怎样去揭示这一系列同步的特技飞行之奥秘。

黑额黑雁的成群飞行形式与欧椋鸟不同，它们排列成左右对称的"人"字形飞行，有些种类的雁则主要成"一"字形飞行，还有一些种类的雁兼有"人"字形和"一"字形两种飞行形式。

雪松太平鸟等不少小型的群集鸟类，它们在成群飞行时形成气球形式，虽然个体之间比其他形式的飞鸟靠拢而密集，却杂乱无章，因而人们称这种飞行形式为混乱的"合伙飞翔"。鸟类学家在观察研究中已经发现，这种飞行形式对小型群集鸟类十分有利，可以防御敌害。

"空气动力学"理论

鸟类在空中作长时间的远征时，要贮存足够的养料作为"燃料"，否则就飞不到目的地。鸟类飞行所用的"燃料"是脂肪，所以鸟类在作长距离迁飞之前，就必须在体内积贮适量的脂肪，作为飞行时的"燃料"。例如候鸟，在夏、秋季节总是四处觅食，吃饱吃好，使体内贮足脂肪，准备深秋或初冬向南方越冬地飞行。有些种类的候鸟要作几千千米甚至上万千米的长途飞行，所以对它们而言，积贮产生能量的"燃料"就显得格外重要了。但是，一些雀形目的小型候鸟，通常都是个头小、体重轻，如果贮存在体内能产生能量的养料过多、过重的话，势必成了累赘，对它们飞行极为不利。

迁飞中的灰雁。
图片作者：MichaelMaggs

因此长途飞行的鸟类，为了能顺利飞抵目的地，一方面要在体内贮存适量的脂肪，另一方面要在飞行中节约能量消耗，否则即使在征途中没有碰到恶劣的天气、天敌或其他的伤害，也不能飞达目的地。

鸟类学家们认为，成群飞行的鸟类可以节约能量，并提出"空气动力学"理论或"跑道"学说加以解释。如果鸟类以单列纵队的"一"字形形式飞行，前面飞行的鸟能够划开空气形成一条路道，产生一种滑流，使后面其他鸟减少空气阻力而容易向前飞行。一些以"人"字形摇晃形式飞行的鸟类，当前面的鸟鼓动翅尖发出微弱的上升气流，后面的鸟就利用这股气流的冲力，在高空中省力地滑翔。美国加利福尼亚技术研究所研究员P·B·S·利萨曼和卡尔·斯科伦伯杰曾作过计算，鸟类在作"人"字形摇晃形式的飞行时，可节约能量70%。因而许多生物学家把这两种飞行形式称为"廉价飞行"。

候鸟在迁徙前会四处觅食，储存能量。
图片作者：Shantham11

鸟类与飞机

人类能够创造出各种型号的飞机,适应多方面的需要,这要归功于飞行动物对人类的启迪,特别是其中的鸟类。

据人类航空史料记载:18 世纪时,法国人首先乘着气球飞上天空,可是气球只能随风飘荡,既不会滑翔,又不能驾驶,于是人们就将注意力集中在鸟类的身上,探索和研究它们飞行的原理和飞行力学等。19 世纪初,英国科学家凯利普模仿鸟类翅膀,设计了一种机翼曲线,与今天飞机机翼的截面曲线几乎没有异样。与此同时,不少科学家还撰写了研究鸟类飞行原理的专著,如法国生理学家马雷写了《动物的机器》,俄国科学家茹可夫斯基在研究鸟类飞行原理后,提出了航空力学的理论。

人们经过长期观察和研究,发现鸟类之所以能在天空自由翱翔,主要是由于它们的翅膀前缘厚、后缘薄,构成截面,产生了升力。人类发明的飞机机翼也是这样构造,再配以大功率的轻便发动机来推动螺旋桨,飞机就飞上了天空。人类在学会了飞行以后,不断对飞机进行改进、发展和创新,现代飞机在许多方面已经超过了鸟类,如 1912 年超过了鸟类的飞行速度,1916 年超过了鸟类的飞行高度,1924 年超过了鸟类的飞行距离。今天的飞机,

鸟类在飞行上的优异特性值得人们学习。
图片作者:Vlad Lazarenko

比任何鸟类飞得更快、更高和更远。

不过话又说回来，人类对自然的认识是永无止境的，鸟类和昆虫在飞行方面的许多优异特性，仍是设计师们在制造未来的飞机时可以借鉴的。

人们已经发现，鸟类在长途飞行中，可以利用太阳、月亮和星星进行天文导航，也能够利用地磁场进行导航。如果我们把鸟类的这两种导航机制研究清楚并加以仿生，来改进我们的导航系统和研制新颖的导航设备，这无疑将对发展航空事业有很大帮助。

又如，鸟类在飞行时是十分节约能量的。科学家在研究鸟类的节能现象时，曾发现有一种迁徙的鹬，从加拿大的拉布拉多半岛出发，中途极少停顿地作越海飞行直达南美洲，飞行路程约 3 850 千米，到达目的地后其体重只减轻了 56 克，可见其利用能量效率之高。如果按照这个利用效率来推算，驾驶一架小型飞机飞行 30 千米只需用 0.5 升的汽油就足够了。

但实际上并非如此，这架小型飞机飞行 30 千米实际需要 4.546 升左右的汽油。经过这样一对比，就可以清楚地看出，鸟类对于"燃料"的利用效率之高，是这种小型飞机的 9 倍。

实际上，科学家们在很早的时候，就已经开始注意并研究鸟类在飞行时能够充分利用体内养料（即所谓"燃料"）、消耗体力极少的这一现象。如果有朝一日能知道其奥秘所在，在制造飞机时就可以更好地利用仿生学知识，改进装置，使其更加符合节约能源的要求，同时会创造出更长时间和更远航程的飞行纪录。

另类飞行者——蝙蝠

　　天上飞的除了鸟就是昆虫吗？那可不一定！蝙蝠就是哺乳动物家族的成员。和人类一样，蝙蝠靠胎生繁殖后代，靠哺乳喂养幼崽。它们有着一双哺乳动物所没有的翅膀，也有着鸟类没有的皮膜翅膀结构。

　　蝙蝠的种类繁多，有的爱吃果实、有的嗜食花蜜、有的喜欢捕虫、有的偷猎鲜血。它们昼伏夜出，靠声波为自己精确导航，不惧障碍和夜色，速度惊人。

　　它们对超声波的灵活应用启发世人，供盲人使用的探路仪、驱虫音频、"蝙蝠翼"降落伞应运而生。蝙蝠的身上还有更多的奥秘等待人类去探索。

空中飞兽

关于飞行动物的范围,从广义上来说,包括会滑翔的动物,所以有"滑翔飞行"一说。但严格而言,只有昆虫、鸟类和蝙蝠才算得上是真正的飞行动物。因为它们在飞行的时候,自己能够控制飞行的方向和速度。在这三类动物中,要数蝙蝠最特殊了。

蝙蝠与人类关系很密切,它们除了能够捕捉农林业害虫、传播种子以外,还是仿生学上的重要研究对象。

夏天,随着暮色降临,人们在乘凉的时候,常常看到一种小动物,从洞穴、庭院或屋檐下飞出来,在夜空来回飞行不息,还不时发出"吱吱"的叫声,如果不注意,会误认为它们是燕子,其实它们不是鸟儿,而是空中飞兽——蝙蝠。

老奶奶常常给孩子们讲一个很有趣的故事,故事的开头是这样的:"……在很早很早的古代,馋嘴的老鼠常常偷人家的油喝,慢慢就变成会飞行的蝙蝠了……"

科学研究告诉我们,蝙蝠既不是鸟类,也不是偷油老鼠变来的,它和鼠、猪、牛、羊、马、兔一样,同属于哺乳动物。人们经常看到,蝙蝠在山洞里头下脚上倒挂着,有的胸脯前还有吃奶的小蝙蝠,说明蝙蝠是胎生哺乳动物。哺乳动物大都有五趾型的四肢,只能在陆地上奔跑或攀缘树木,那蝙蝠为什么能够和鸟类一样,在空中飞翔呢?

蝙蝠和鸟类都能在空中飞翔,主要是因为它们都有飞行器官——翅膀,不过它们的翅膀是有明显区别的。鸟类的翅膀上长的是羽毛,而蝙蝠的翅膀是由皮肤形成的皮膜。因为蝙蝠的前肢特化了,指骨特别长,尤其是第三指

蝙蝠是飞在空中的哺乳动物。

骨通常可达到身体的长度，指骨间与躯体、后肢及尾间被这层薄薄的皮膜相连，与古代飞龙的皮膜翅膀相似。不过蝙蝠的飞行技能比飞龙高明，因为它的胸部和鸟类一样，有龙骨突和强大胸肌，可以使皮膜翅鼓动空气而飞行，而且能控制飞行的方向和速度。

　　蝙蝠和鸟类虽然都能够飞行，但是它们却是截然不同的两类动物。从系统发生上来看，它们都起源于古代的爬行动物，但是向着两个不同的方向发展：一支发展为在空中飞翔的鸟类，另一支演化为哺乳动物。蝙蝠能在空中飞翔是哺乳动物中的特化现象。

种类繁多

蝙蝠种类繁多，在哺乳动物中仅次于啮齿动物。全世界已知蝙蝠的种类约有950种，我国有80多种。蝙蝠的体长在35～400毫米；分布很广，除某些遥远的岛屿和南极地区以外，几乎全世界都有它们的足迹，不过南方往往多于北方。

动物分类学家把如此多的蝙蝠种类，分为大蝙蝠和小蝙蝠两大类。前者个头较大，第一和第二指上都有爪，以果实为食，所以也叫食果蝙蝠，如狐蝠、果蝠、犬蝠。后者个头较小，仅第一指端有爪，一般吃昆虫为生，如菊头蝠、蹄蝠、家蝠、山蝠、鼠耳蝠、大耳蝠、普通蝙蝠。还有少数种类是吃其他东西的，如食鱼蝠、食蛙蝠、吸血蝠以及食花粉和花蜜的长鼻蝠。

在大蝙蝠类中，狐蝠是个大家族，种类很多，分布在亚洲、非洲、澳大利亚的热带和亚热带地区，我国产的不多，仅见于云南西双版纳、福建、广西和台湾等地，如莱氏狐蝠和台湾狐蝠。狐蝠都是大个子，如马来狐蝠体长可超过30厘米，两翼张开的宽度有1.5米以上。当然它还不是世界上最大的蝙蝠。生活在印度尼西亚的一种食果狐蝠，体长可达40厘米，体重能到900克，双翼张开达1.7米宽，它才是蝙蝠之王，堪称世界上最大的蝙蝠了。

白天，狐蝠成群用后肢倒悬在大树枝上，有时候上百只共同悬挂在一棵树上，如同累累巨大的果实。日落西山以后，它们纷纷飞出觅食，主要吃成熟的果子和花蕊，也吸食甘蔗的汁液。每天所摄取的食物量，相当于自己的体重，真是好胃口！

狐蝠在取食的时候，一只脚钩住物体倒挂，另一只脚抓住果实后用细小牙齿咬破。由于狐蝠以果实为主要食物，外貌有点像狐，飞行能力较强，所以又名"飞狐"。

小蝙蝠类中，既有人们常见的食虫蝙蝠，

食果蝙蝠。
图片作者：Brian Gratwicke

又有食性较特别的种类。我国最常见的家蝠，又名"伏翼"，个子很小，形状似鼠，白天常倒悬在屋檐下的空隙、洞窟等处睡觉，傍晚外出飞行，捕食蚊子、苍蝇、蛾子等有害昆虫，对人类有益。冬季，家蝠体毛加厚，蛰伏不动。6月下旬至7月初产仔，每胎一仔，由母蝠以乳汁哺育成长。受惊时，母蝠会带着自己的孩子一起扑飞。小蝙蝠以嘴衔住奶头，并用爪子抓住妈妈的腹部，所以不会掉落。这种蝙蝠在我国分布广泛，北自河北，南至海南，西达四川，都有其足迹。

普通蝙蝠是我国北方的常见种，个子也很小，头部像老鼠。白天，它们栖息在建筑物的缝隙或树洞、岩洞里，有的用后趾的爪将身体倒挂，有的匍匐着。每天黄昏和黎明两次出动捕食昆虫，每次活动约1小时。出动时它们先爬到洞口，用后趾将身体挂起，然后利用身体下落时的惯性起飞。这种蝙蝠的飞行能力较弱，如果不慎跌落在地，身体和皮膜都贴在地面，又不会站立，只能慢慢地爬行，起飞就非常困难了。一到冬天，它们就将身体倒挂着冬眠，很长时间不再外出觅食。

吸血蝠都没有尾巴，而且都是小个子，即使是大吸血蝠，其体长也不过80～90毫米。吸血蝠仅分布在南美洲和中美洲，大部分生活在亚马逊河谷及内格罗河流域的密林中。吸血蝠以吸食各种牲畜的血液为生，也常常吸食夜间露天睡觉的人的血。它们多半选择在耳、鼻、脚等处"下手"，只咬破针尖般的一个小孔，便能吸出不少血液，被吸者往往毫无感觉，因而它们可以放开肚皮吸食。

分布在热带美洲的食蛙蝠，是科学家在20世纪80年代才发现并着手加以研究的。在东风送暖、大地回春的季节里，每当夜幕降临时，食蛙蝠就显得十分活跃，它们纷纷从阴暗处飞出，根据田野里的蛙声，急速向目标飞去。在离蛙足够近的时候，它就张开大口，露出尖细的牙齿，企图一口将蛙吞下肚里。

不过食蛙蝠捕食也不是十拿九稳的，一些感觉比较灵敏的蛙，有时候会觉察出食蛙蝠的到来，并能在刹那间跳入水中，食蛙蝠只好扫兴而回。

科学家用微型录音机收录蛙的鸣叫声，然后在蛙的栖息地播放，可以引诱食蛙蝠的到来。食蛙蝠飞达录音机旁之后，发现它不是蛙，所以不去吞食，但是也不立即离开，似乎在琢磨它究竟是什么。为此，科学家们认为食蛙蝠与一般蝙蝠不同，它不一定是靠超声波回声来判断物体的性质，可能是用耳朵听和眼睛看的，否则播放录音怎会诱来这种蝙蝠呢？

吸血蝠正在偷吸牲畜的血液。
图片作者：Sandstein

飞行奥秘

蝙蝠是昼伏夜出的动物,不论在茫茫的暮色之中,还是在伸手不见五指的漆黑岩洞或古庙里,它们都能穿梭般地飞来飞去。乍一看,它们似乎飞得杂乱无章,其实它们在空中正施展全身的技能,敏捷地追逐并准确地捕食着昆虫。不仅如此,它们还能在黑沉沉的夜晚,穿越茂密的树林,而从不会撞到树木,如此飞行绝技真令人惊叹!

那么,蝙蝠靠什么来准确无误地定向飞行呢?是不是蝙蝠的眼睛特别敏锐呢?其实不是。如果我们把蝙蝠的眼睛蒙住,蝙蝠照常能够正常飞行。假如把瞎了眼睛的蝙蝠的耳朵塞住,或者用针刺破它的耳膜,蝙蝠就黔驴技穷,飞行时到处碰壁。我们如果用针刺破蝙蝠的声带,它也会盲目地乱冲乱撞,走投无路。后来,有人把蝙蝠放在一间黑洞洞的房间里,又做了一个有趣的实验。在这间房子里拉上很多纵横交错的线,线上挂满铜铃,蒙住蝙蝠的眼睛,让它在房间里飞行,如果碰着线,铃就会响起来。人们以为一场热闹的"交响乐"马上就要开始了,结果情况正好相反,整个屋子鸦雀无声,蝙蝠仍自由地飞行在线网之间。如果把蝙蝠的双耳塞住,这时可见它到处碰壁,热闹的"交响乐"马上开始了,线被撞得左右摇摆,叮当作响,不一会儿蝙蝠就被撞得头昏脑涨,有的甚至从空中跌落到地上。这一系列的实验,充分证明蝙蝠的飞行不是靠眼睛辨别方向,因为它的视力极差,而是用声带和耳朵来"看"的。

根据测量超声波的电子仪器测定,飞行时,蝙蝠的喉内声带会发出超声波,通过嘴巴或鼻孔

蝙蝠能灵活地飞舞在空中。
图片作者:Oren Peles

发射出来。蝙蝠的耳朵能接收这种超声波碰上食物或障碍物反射回来的超声信号，并据此判定目标的种类及其距离。如果是食物，蝙蝠就追捕；倘若是障碍物，蝙蝠则躲避。人们把蝙蝠的这种探测目标的方式叫做回声定位。

每年冬天，大多数蝙蝠是留在原来的栖息地进入冬眠期，但也有一些种类像候鸟那样进行迁徙，飞到温暖地区越冬，待来年春暖花开时再返回老家。有人曾对一种迁徙性的狐蝠进行过无线电跟踪研究，发现它的飞翔能力很强，能以每小时56千米的速度，不停地飞行800多千米。

捕虫能手

蝙蝠具有惊人的捕捉昆虫的本领。有人做过统计,一只食虫的蝙蝠,一昼夜可捕食 3000 多只昆虫,而且其中多数是害虫。

如果我们把一群蚊子放入有蝙蝠的房间内,蝙蝠会立即开始飞行捕捉,而且以惊人的速度完成这一任务。它能够在几分之一秒内大幅度改变方向追歼蚊子,连一般的电影摄影机都未必能跟得上蝙蝠这样快的动作。在最初几秒内,它能够平均每 4 秒捕捉到 1 只蚊子,以后效率越来越高,甚至会在半秒内捕到 2 只蚊子,简直像一名身怀绝技的武林高手。

蝙蝠对物体的分辨能力也十分高明。在一个实验暗室里,用自动装置把一种叫面粉虫的昆虫,以及相同大小的塑料圆盘,一起随意抛入室内,结果发现 98% 的面粉虫都被蝙蝠捕捉到了,但是对大约 85% 的塑料圆盘,它们连碰也不碰。

由此可见,蝙蝠的回声定位能够分辨目标的"精细结构"。蝙蝠在飞行中,还能把昆虫反射的信号与地面、树林和灌木丛反射的信号区分开来。

分布在亚洲、非洲和欧洲的菊头蝠,常常头部朝下并用一只爪子倒挂着。它们几乎可以旋转 360°,用自己发射的具有固定频率的超声波来"搜索"周围空间,以目标反射回来的超声波的频率高低,来探测出目标的距离。这种蝙蝠能准确地发现昆虫,就像

菊头蝠可以一边倒挂,一边用超声波"搜索"周围情况。
图片作者:Lylambda

雷达发现飞机一样。蝙蝠鼻子周围的马蹄形皮肤皱褶起扩音器的作用，把超声波聚集起来，并向一定方向发射出去。菊头蝠的猛然冲击和迅雷不及掩耳的飞行，常给漫不经心飞掠其侧的昆虫以毁灭性的打击。

夏天是虫害最猖獗的季节，也正是蝙蝠活动频繁之际。

这类小型哺乳动物依靠它们的皮膜翅膀，能够和鸟类一样飞行自如，表现出卓越的捕捉害虫的本领，因而有人称它们为"微型灭虫飞机"或"捕虫能手"。蝙蝠是有益动物，我们应当加以很好的保护。

广播种子

全世界能够食果传种的动物很多。国际蝙蝠保护协会的默林·塔特尔博士研究认为,蝙蝠是最理想的种子传播动物之一。

能食果并传播种子的蝙蝠种类很多,它们一个晚上吞食果实的重量可以达到自己体重的 2 倍。这些蝙蝠在森林、空地的上空边飞行边排粪,行程可达 37 千米。粪便中未消化的果实种子落到地面,很快就生根发芽,长成一棵棵幼苗。

加拿大魁北克省舍布鲁克大学的唐纳德·托马斯教授发现,蝙蝠在热带森林中传播种子的作用是举足轻重的。他曾在西非研究蝙蝠与植物的关系近 3 年。在那里,他计算出一大群稻色果蝠一个晚上传播的种子量为 22.7 万千克。这是一个多么惊人的数字啊!

在非洲肯尼亚,韦氏颈囊果蝠特别爱吃无花果。它们常将整只无花果吞进肚里,果肉在蝙蝠的消化道内被消化,而果核则安然无恙,然后随粪便排出,落在泥土中发芽生长。

据生物学家调查,一些热带地区 90% 的植物依赖于动物传播种子,其中蝙蝠也占很大比例。所以,如果传播种子的蝙蝠消失了,将对树木繁衍产生莫大的影响。

有些蝙蝠能在森林中吞食果实,传播种子。
图片作者:Sputnikcccp at en.wikipedia

仿生启示

蝙蝠的超声波回声定位器是非常精致的导航"仪器"。依靠这个"仪器",蝙蝠可以在拉紧的细铁丝间畅通无阻地飞来飞去,甚至在这些铁丝的间隔比展开的蝙蝠翅膀小许多的时候,它们仍能用自己的超声波回声定位器发现前面的障碍,并在刹那间收拢皮膜翅膀,顺利地通过狭窄的铁丝网眼。

蝙蝠的超声波回声定位器,重量一般只有几分之一克,体积为几分之一立方厘米,而无线电定位器却有几十、几百甚至几千千克重,体积往往有几百立方分米。两者相比,在定位系统的一些重要特性上,如测量距离和发现目标的灵敏度等方面,蝙蝠的定位器超过无线电定位器100倍以上,因而,雷达专家们对蝙蝠十分感兴趣。

早在第二次世界大战时期,蝙蝠就引起了军事部门的注意,差一点成为最离奇的"空袭"参与者。当时,有人研制了一种微型燃烧弹,制订出把它们固定在蝙蝠身上的方案,并制造了由感光时间继电器控制的蝙蝠投掷器。当这种装置用降落伞空投下来时,容器在一定高度上自行打开,几百只、几千只的"活燃烧弹"

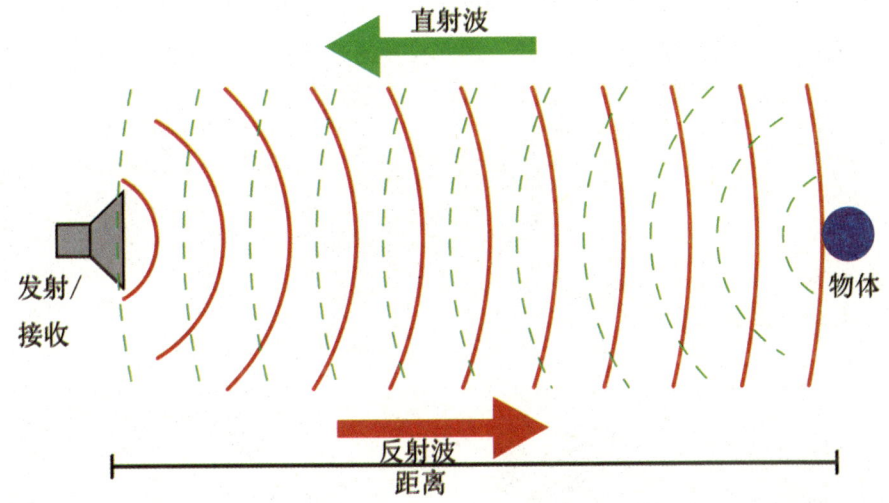

超声波定位的原理。
图片作者:Georg Wiora

就可命中相当大的范围，引起建筑物的燃烧。

这一"空袭"计划，原定于1944年底实施，后来由于原子弹的问世才作罢。

一种生活在热带地区的蝙蝠，因为嗜食鱼类，所以动物学家给它起名为食鱼蝠。这种蝙蝠在飞掠水面时，会向水里发射出超声波，并收听到从鱼鳔上反射的回波，从而探测到在水中游动的鱼类。据计算，食鱼蝠由水中鱼体上得到的回声，只有在空中探测昆虫时得到的回声的四分之一。根据这种极其微弱的信号，食鱼蝠便可降落水面，用自己粗大的后肢和发达弯曲的爪子，伸入水中把鱼儿抓住，然后边吃边飞。食鱼蝠探测鱼类的本领，很早就引起了军事技术人员的浓厚兴趣，他们希望能仿造出一种能够发现潜水艇的雷达。

科技研究人员根据对蝙蝠超声波回声定位器的深入研究，已经仿造出盲人用的"探路仪"。这种仪器的外形像手电筒，能够发射超声波，同时也能够接受从周围物体反射回来的超声波，再转换成人类能够听到的声信号，盲人就可以凭借耳朵来发现前方的障碍物，如来人、电线杆、台阶、人行道边缘等等，使盲人如同有了明辨方向的眼睛。经过一段时间的训练，盲人还能应用这种仪器分辨出沙砾小路和草地。

科学家在研究蝙蝠与昆虫之间的关系时发现，不少种类的昆虫能够收听到蝙蝠的呼叫声，并且对其作出一定的逃避反应，而这些昆虫多数是农业害虫。利用这一点，有人在棉花田和玉米田里，播放蝙蝠的鸣叫录音来驱虫，这类实验都有较好的效果。

由于蝙蝠也能像鸟类那样飞行自如，而且它的皮膜翼又薄又轻，据此，人们设计出一种"蝙蝠翼"着落设备，帮助飞行人员登陆。这种设备十分轻巧，不但能像降落伞一样折叠起来贮藏备用，而且用起来比降落伞更加灵活，可以选择着陆地点，或者垂直下落。

它们也能飞——滑翔动物

没有翅膀就不能飞？聪明的大自然给出了漂亮的答案。翼龙用一张连接躯干和大腿的皮膜给自己做了张"翅膀"；飞鱼发达的胸鳍活像飞机的机翼，利用海面上的气流滑翔飞行；蝠鲼能利用菱形的体盘，跃出水面滑翔。还有林中飞蛙，趾长而大，趾间蹼膜就能帮助自己飞越树林；而飞蜥会适时打开或者关上身体两侧那独特的皮肤，形成"滑翔伞"帮助飞行。

还有树栖蛇、飞鼠、袋鼯和猫猴，不同的飞行秘诀都会令你大跌眼镜，连连叫奇。

古代的飞龙

中生代的爬行动物种类很多，其中最著名的是恐龙。大多数恐龙的身体巨大，所以冠以"恐"字。除了恐龙，那时还有能在水中生活的鱼龙和蛇颈龙，以及在空中滑翔的飞龙。

飞龙，古生物学家称它为翼龙，它是古代爬行动物向空中发展的一支。它不是恐龙，只能算是恐龙的近亲。不过，飞龙和恐龙确是生活在同一时代的。

飞龙可分为两类：一类叫喙嘴龙，比较原始，出现在地球上的时间较早，它的身后还拖着一条长长的尾巴；另一类叫翼手龙，出现在地球上的时间较喙嘴龙晚，它的尾巴很短，几乎已不见了。

飞龙的前肢与陆地上的恐龙相比，差别很大。它们的第一、二、三趾已经退化，变成残留在翅膀前端的爪。第五趾则退化消失，而第四趾特别加长，成为翅膀的主要支持物。一张薄的、革质的皮膜（也叫翼膜），从第四趾连接着躯干和大腿，这就是飞龙的飞行工具。不过，由皮膜构成的翅膀，每次飞行的路程不可能太远，到底不如鸟类由羽毛构成的翅膀，所以严格地说，飞龙的翅膀不是真正的翅膀。

飞龙是继昆虫之后出现的飞行动物，在它们的生存年代里，进化出许多形态不同的种类。小的只有麻雀那么大；大的有6～8米长，比现代的鸟类大得多，成为中生代的空中霸主。

世界上最大的飞龙是一种无齿翼龙，翅膀展开可达8米宽，不过它的骨骼中空，又小又

无齿翼龙是世界上最大的飞龙。
图片作者：Matt Martyniuk

轻，重量仅有 11 千克，十分有利于飞行。我国最著名的飞龙，即发现于新疆的准噶尔翼龙，两翼展开时，可达 3.5 米宽，但尾巴极短，与家禽的尾巴模样差不多。

无齿翼龙具有尖细的、没有牙齿的鸟状嘴巴，它的头部后方生有长的、小刀状的薄盔冠，作为飞行的方向盘。另一种喙嘴龙，具有短颌，颌上生有尖锐的牙齿，它的尾端是扁平成铲状的，可以在滑翔飞行时控制身体，起方向盘的作用。还有一种较原始的飞龙，头部较大，双眼也很大，适于夜间觅食。

飞龙常常停歇在湖滨几米高的树枝上，眼睛俯瞰湖滩，小鱼小虾的活动都看得一清二楚，饥饿时就展开翅膀，轻疾飞下，张开鸟喙状的嘴巴迅速将鱼虾啄走。如果是有牙齿的飞龙，则更便于它的咬嚼。有的种类则在近海地区活动，以海洋鱼类为食，捕食方法有点像鹈鹕，有袋囊存放猎物。

飞龙的翅膀有各种各样的形状。有的像巨大的船帆，有的却似弯曲的大镰刀。但这些翅膀可利用气流在空中滑翔飞行。有人推断，少数空中活动的飞龙，可以拍动它们的翅膀飞行，这显然比滑翔飞行进步了，但是没有化石材料的证明。大约在 6000 万年以前，地球上的气候发生了巨大的变化，这些飞龙与恐龙一样，在地球上灭绝了。

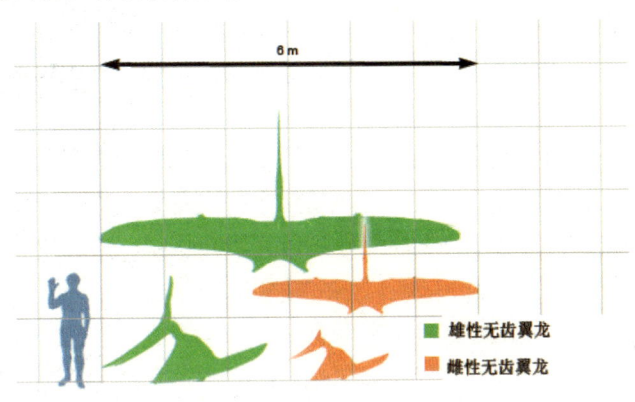

无齿翼龙和人的对比。
图片作者：Matt Martyniuk

水中飞行员——飞鱼

在人们的概念里，鸟儿是在空中飞的，鱼儿是在水里游的。但是，在热带和温带海洋里，有些鱼类常常能够跃出水面，作短暂的滑翔飞行。

夏天的夜晚，在我国南海、东海或黄海领域常常可以看到一群群长着"翅膀"的鱼儿跃出海面，飞上落下，煞是有趣，这就是有名的飞鱼。不了解其中奥秘的人，往往会把它们错当成在海上飞翔觅食的海鸟呢！

飞鱼是个家族，为飞鱼科鱼类的统称，种类较多，产于我国的约有6种，如飞鱼、弓头燕鳐鱼和尖头燕鳐鱼。

鱼怎么会滑翔飞行呢？原来，飞鱼的胸鳍特别发达，长度为体长的三分之二，一直可延伸到尾鳍基部，是鱼类中胸鳍最长的，伸展在身体的两侧，活像鸟儿的双翅，又似飞机的机翼，所以又叫翼状鳍，为滑翔的主要工具。飞鱼腹鳍也比较发达。

飞鱼是暖水性上层鱼类，在出水之前，胸鳍和腹鳍紧贴体侧，先在水中作快速游泳（秒速可达18米），尾鳍剧烈摆动，使其产生一种助推力量，将鱼体向前上方推进，当前身出水时，胸鳍立即扩展开来，腹鳍仍紧贴体侧，尾鳍在水中

飞鱼的胸鳍像翅膀一样。

继续拍打，使速度继续增加，这样鱼体就全部跃出水面，尾鳍停止摆动，腹鳍张开，迎着海面上的气流滑翔飞行，胸鳍和腹鳍在空中起控制方向的作用。

据测定：飞鱼一般每次滑翔飞行数秒钟，至多13秒；飞鱼在滑翔飞行时，以每秒10～20米的速度，可滑行200米以上，顺风时可达500米以上；飞鱼的滑翔飞行高度，最低2米，一般在5～6米，最高的可达到12.5米。当它们滑翔到一定高度后，就要回落到水中，此时尾部先入水，如需继续起飞，便利用全身还未入水之前，再用尾鳍猛烈拍打海水，以求增加滑翔力量，使身体重新跃出水面。

飞鱼虽然能够跃出水面作滑翔飞行，但不能像鸟儿那样鼓翅飞行，因为鸟儿具有发达的胸部肌肉，在空中飞行时可以牵动翅膀上下拍动，飞得高，而飞鱼因没有胸肌，所以不能上下拍动，飞不高。因此，与其说飞鱼在空中飞行，倒不如说飞鱼在水面上滑翔更为恰当。

飞鱼为什么要跃出水面呢？主要是为了逃避水中敌害的追击，或者在接近船舰时受惊，跃出水面避难。一些凶残的大型鱼类，如鲨鱼、鲯鳅、金枪鱼、箭鱼等，都会追逐并吞食飞鱼，所以飞鱼在长期生存斗争中，形成了一种十分巧妙地逃避敌害的适应性——跃水滑翔，暂时离开这个危险的境地。

不过，飞鱼在水上滑翔飞行时也不是绝对安全的，有时也会落到海鸟的嘴里。飞鱼就是这样，一忽儿跃出水面，一忽儿钻入海中，用这种方法来逃避海里和空中的敌害。但有时候，飞鱼由于兴奋和生殖等原因，也会跃出水面。

每当夜晚时分，飞鱼跃出水面活动更为频繁，在渔船的甲板上常常可以拾到在滑翔中跌下来的飞鱼。这是为什么呢？原来飞鱼有喜爱灯光的习性，它们常常成群在水表层游泳，在茫茫的海面上，看到渔船上的灯光，就会纷纷飞来，落在甲板上。

东南亚一带的渔民掌握了飞鱼的趋光性，到夜间在渔船上点起灯

飞鱼跃出水面可以逃避敌害。

蝠鲼能像飞机一样"滑翔"在水面。
图片作者：Nick Bonzey from Corvallis, OR

火，诱捕大量飞鱼。我国渔民根据飞鱼经常滑翔飞行的规律，在海上设置了飞鱼流刺网，利用它们常跃出水面的生活习性，挡住飞鱼前进的道路，使它们刺入网眼，束手被擒。

另外，鳐鱼也能跃出水面滑翔。世界上一些大型的鳐鱼，如双吻前口蝠鲼，身体构成菱形体盘，阔达6～7米，重2～3吨，模样看来十分笨拙，但行动却十分敏捷。巨鳐不但能够在水表层快速游泳，还会在刹那间潜到海底。受到惊吓时，巨鳐还能跃出水面1米多高，落在水面上的声响很大，远处听来有如打炮。有时候，特别是夜间，它还会跃出水面滑翔，仿佛一架鳐式飞机在海面侦察，还常常撞翻渔船，所以渔民们常常称它"鬼鳐"或"魔鳐"。

双吻前口蝠鲼的外貌虽然古怪可怕，但对人却很友好。在墨西哥湾海区，曾有一个青年潜水员乘坐在一条巨大蝠鲼的背脊上，漫游海洋世界。摄影师们知道这个惊人的消息以后，纷纷赶去拍摄。

林间飞蛙

在东南亚、印度和我国南方的热带森林中,生活着一类与众不同、能在林间滑翔的树蛙,人们习惯于叫它飞蛙。一般蛙类栖居于潮湿的陆地上或者池塘里,而飞蛙却生活在树上。飞蛙的长相与我们平时见到的蛙、蟾蜍不一样,它们四肢上的指、趾大而长,末端膨大成吸盘,通过薄薄的透明吸盘皮肤,我们可以看到指、趾末端两骨节之间,有"Y"形的软骨。飞蛙用指、趾上很大的吸盘吸附在树干、树枝上轻巧地攀爬,不会掉到地面上。飞蛙的指、趾之间具有很发达的蹼膜,当指、趾伸展时,蹼膜就张开,面积约有20平方厘米,可以滑翔飞行15~20米。

飞蛙的指趾上有大大的吸盘。
图片作者:L.Shyamal

从一棵树到另一棵树,也能从平地上一跃飞到1.5~2米高的树上,或者从树上安全地降落到地面。飞蛙在滑翔飞行时,它的后肢除了协助前肢拍击空气进行飞行以外,还起到舵的作用,只要把后肢转动一下,它就可以随意飞向另一个方向。据研究,飞蛙在滑翔飞行之前,先用肺吸足空气,使自身体积增大,以便获得更大的浮力,这样滑翔起来就轻便多了。

飞蛙是昼伏夜出性动物。白天,它们喜欢贴在树皮上睡大觉,很少活动。一到夜幕降临,它们就活跃起来,在树干树枝上爬行或在树林间滑翔,捕捉昆虫和蜘蛛等为食。飞蛙长期生活在树上,它们的体色也渐渐变成像树叶一样的绿色。如此一来,不但可以迷惑敌害,不易被发现,而且还能使猎物难以觉察,有利于捕食。

与众不同的飞蜥

飞蜥分布于东南亚、印度一带，我国产在云南、广西、海南和西藏。这类爬行动物个子不大，模样有点像壁虎，一般体长约20厘米，后面还拖着一条比身体还要长的细细尾巴。它们较细长、背腹稍扁平的躯体两侧，长有橙黄色的皮肤膜，由5～7对延长的肋骨支撑着，在前后肢之间构成一对"翅膀"。

平时，飞蜥将皮肤膜折叠在身体两侧，栖息在树上；滑翔时，它们就挺一下身体，伸展开活动的肋骨，把原先折叠在一起的皮肤膜张开，就能在树林里滑翔飞行几十米。为此，有人便叫它们为"飞龙"。一旦把支撑皮肤膜的肋骨合拢，飞蜥的"翅膀"就不见了。

通常，飞蜥都生活在热带雨林中，并且喜欢攀爬到高大的树顶上晒太阳，以此来增加自己的体温。这时候，如果有昆虫，特别是蚊类从旁边飞过，飞蜥就会对准目标，展开皮肤膜，在滑翔飞行中张口捕食。飞蜥滑行迅速，不仅可以从这一棵树顶飞到那一棵树顶，也可以由树顶一直滑到地面上。遇到敌害时，飞蜥的皮肤膜会时张时合，用闪光吓唬对方。现今的飞蜥与古代的飞龙（又名翼龙）虽然同属于爬行动物，但是两者的形态构造是不同的。不仅如此，据科学家观察和研究，还发现飞蜥的皮肤膜既不同于鸟类的翅膀，又与蝙蝠的皮膜有区别，所以它们无法利用上升的气流展开"翅膀"高飞，而只能借助于皮肤膜减慢身体下降的速度，使自己不会从高树上猝然坠落地面。

飞蜥靠皮肤膜能滑翔几十米远。
图片作者：Psumuseum

会滑翔的蛇

蛇类也是爬行动物中的一个大家族，全世界约有2 700种，仅次于蜥蜴类。今天的蛇类虽然不长腿，但它们可以用自身脊椎骨的灵活弯曲、肋骨的前后移动以及腹鳞等蜿蜒爬行或侧向运动。更为有趣的是，少数蛇还会向空中跳跃，甚至滑翔一段距离。

在第二次世界大战期间，一个在东南亚供职的英国人，目击了一条眼镜蛇跳跃的全过程：先是蛇身在地面上作螺旋状盘曲；接着，头部垂直上升，离地可达1米以上，并朝前倾斜跃进（这一动作虽然距离很短，但应该属于滑翔行为）；然后回落地面，又盘曲蛇身。这样有节奏地时起时落，前进了大约50米，最后蹿入草丛中，消失了踪迹。

南非可谓"跳跃蛇之乡"，几乎人人都知道蛇有跳跃的能力。有一天，一个管理柑橘的农民，正在果园里施肥，遇上一条毒蛇——鼓腹蝰。这条蛇从地面跳起，其高度超过了一株大橘树，降落时正巧落在农民的脚背上。那里的毒蛇一般不会主动袭击人。农民虽知毒蛇落在脚背，但毫不惊慌，让蛇慢慢地从脚上游过。

生活在亚洲南部的几种树栖蛇，它们虽然没有像飞蜥那样的伞状皮肤膜，但也能够滑翔，所以当地人们称其为"滑翔蛇"。这些蛇在滑翔之前，先呼出自己肺部的气体，使身体扁平，然后伸展体侧的肋骨，拉紧全身的皮肤。当它们从树上降落时，以一个倾斜的姿势滑翔，似叶子般自然飘向地面或草丛中；也可以从一株高大树木，向下滑行到一株较矮的树木上。如果两株树木高度相等，飞蜥能够从一株树干平面滑行到另一株，而滑翔蛇却不能，只能斜着向下方滑行。

鼓腹蝰。

能滑翔的兽类

在兽类中，除了蝙蝠有较高明的飞行本领以外，还有滑翔兽——飞鼠、袋鼯和猫猴。

蝙蝠是仅次于鸟类和昆虫的飞行能手，有些地区把它称做"飞鼠"，其实它与鼠类是远亲，为翼手类的成员。真正的飞鼠是啮齿类中鼯鼠科的成员，体形像松鼠，两者的主要区别是飞鼠具有能滑翔的飞膜。

飞鼠的种类很多，主要分布在东南亚丛林地区，少数产于北温带。我国约有15种，如箭尾飞鼠、毛耳飞鼠、海南飞鼠等，从东北到西南的山区密林中都有其足迹。一般飞鼠体长16～20厘米，尾长10～18厘米；最小的种类体长仅8厘米，尾长与体长差不多；最大的种类体长可达25厘米，尾长约21厘米。它们的毛色随种类而异，有银灰、黄灰、褐灰、黄褐、赤褐、栗色和黑褐色等。

飞鼠过着树栖生活，也是"夜游神"。白天，它们躺在树洞里睡大觉。在睡

飞鼠滑翔在林中。
图片作者：Pratikppf at en.wikipedia

觉时,把头部插在两条前腿之间,还将宽扁的长尾巴覆盖在身上,十分暖和。飞鼠睡觉时的警惕性也较高,若有惊扰,它们就马上钻出洞穴,慢慢地爬向树梢,身体紧紧贴伏在树干上。由于它们身体的颜色与树干的色彩极为相似,因此很难被敌害发现。一到夜幕降临,飞鼠就纷纷爬出洞来,通宵达旦地沿着树干、树枝奔来跑去,寻找果实或嫩叶吃。

飞鼠的最显著特征,是前肢和后肢之间,有一个大的飞膜(也称皮膜)沿着体侧相连,这是它的滑翔工具。尽管飞鼠的飞膜,与鸟类长

插图:猫猴的身体两侧有宽而被毛的翼膜。
图片作者:Lip Kee Yap.

羽的翅膀、蝙蝠前肢特化的皮膜翼相比差远了,但是它确实能用于滑翔飞行。如果从山林高处往下滑翔,一次可以滑行几十米,有时竟可以达到近100米。在高空滑翔时,它们的宽阔尾巴能够掌握行动方向,起舵的作用,使身体保持平衡。从地面上望去,好像是一只没有牵线的活风筝。

飞鼠一到达地面,立即竖起尾巴并用后肢着地,举起前肢,站稳身体,好似秋天落叶着地那样轻飘。

袋鼯是澳大利亚有袋类动物向空中发展的一支,身体大小不一,有的个子与老鼠差不多,有的则比猫还要大一些。它们的身体两侧与四肢之间,也有像飞鼠那样的飞膜,有人还叫它"降落伞薄膜"。袋鼯常在树间活动,有时利用飞膜在空中作短程滑翔旅行。它们的身体由头到尾极为扁平,可以减少空气阻力。在滑翔中,它们还能扭动飞膜和尾巴,在小范围内转移方向。在接近迎面的树干时,它们会将上身挺起,减慢行速,避免碰撞。

猫猴属于皮翼类动物。全世界只有两种猫猴,即猫猴和菲律宾猫猴。它们虽然属于皮翼类,但兼有食虫类、翼手类和灵长类的某些特征。猫猴体大如猫,外形很像狐猴;身体两侧自颈部起经前、后肢到尾部,具有宽而被毛的飞膜(也

称翼膜），这与翼手类中的蝙蝠类同；牙齿的形状与食虫类相似，但上下门齿扁平。

猫猴是树栖动物，能利用飞膜在树间滑翔几十米，最远可以滑行70米左右。有人还目击，雌猫猴在滑翔时，经常携带着幼仔。因而猫猴又有飞猴、鼯猴之称。

猫猴分布于马来西亚、菲律宾、印度尼西亚等地，是昼伏夜出动物。白天，头朝下脚朝上倒悬在树枝上休息；夜间出来活动，以树叶和果实为食。它的第一、第二对门齿呈栉状，用来梳理体毛和刮削叶子。